国家出版基金项目
NATIONAL PUBLICATION FOUNDATION

手绘中国造园艺术

陆楚石 ◎ 著

中国建材工业出版社

图书在版编目（CIP）数据

手绘中国造园艺术 / 陆楚石著. -- 北京 : 中国建
材工业出版社, 2018.5
ISBN 978-7-5160-2123-1

Ⅰ. ①手… Ⅱ. ①陆… Ⅲ. ①园林艺术—中国 Ⅳ.
①TU986.62

中国版本图书馆CIP数据核字(2017)第318755号

内容提要

　　本书从设计与构造的角度研究阐述了中国传统的空间造园观，用笔生动地记录和描绘了中国传统园林的发展演变，其中不乏遗址已然改变的珍贵史料。本书主要分为八个专题详解，通过对北海静心斋、故宫乾隆花园、豫园、十笏园、西泠印社、杭州西湖、苏州拙政园等三十余处古典园林的历史资料及图纸整理，解析园林空间构成与造景、景观建筑、理水、园路、植物配置、假山、小品等造园的研究成果和设计疑难，阐述了传统构造手法和创作理念，同时进行了传统造园理论"古为今用"的经验汇总。

　　本书配置了大量的原创手绘图纸，包括平面图、鸟瞰图及造景分析图，为各篇章内容的阐述增加了直观的例证，是一本园林和建筑设计者学习、赏鉴的精品读物，也将为国内外园林设计师创作具有中国民族特色的新园林，提供重要的参考借鉴。

手绘中国造园艺术

陆楚石◎著

出版发行：中国建材工业出版社
地　　址：北京市海淀区三里河路1号
邮　　编：100044
经　　销：全国各地新华书店
印　　刷：北京天恒嘉业印刷有限公司
开　　本：889mm×1194mm　1/12
印　　张：30
字　　数：520千字
版　　次：2018年5月第1版
印　　次：2018年5月第1次
定　　价：**288.00元**

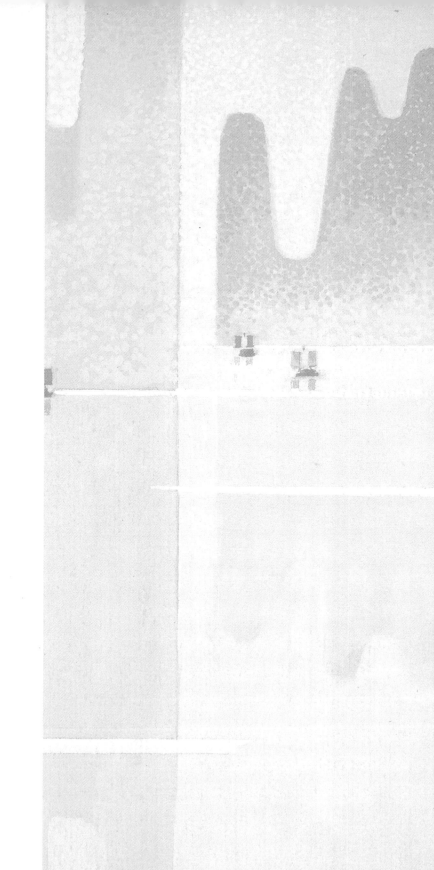

作者简介

陆楚石

生于 1934 年 12 月，1951 年考入南京工学院（现东南大学），为中华人民共和国培养的第一批建筑专业人才，国家一级注册建筑师，高级建筑师。

1955 年，大学毕业分配至原建筑工程部建筑科学研究院建筑理论及历史研究室（现中国建筑历史研究所），从事中国园林的研究工作。

1964 年，调入山东省济南市建筑设计院，从事建筑设计工作，在济南期间，设计有金牛山金牛阁、济南宾馆、趵突泉南向廊榭等建筑。1980 年，借调至北京故宫博物院古建部，参与筹办"圆明园"和"北京古建筑"展览，修复故宫建筑模型、红楼梦大观园模型等。

1982 年，调入广西壮族自治区桂林市城市规划设计院。在桂林期间，设计了广西壮族自治区桂林市世外桃源（国家 AAAA 级旅游景区）、民俗风情园（国家 AAA 级旅游景区）、四美园、叠彩山蝴蝶馆、碧居山庄、龙船坪桂林美术馆、桂林市阳桥建设银行、杉湖大酒店、桂林桂海碑林碑阁接待厅和大门、钦州市和谐塔、恭城县瑶族先祖"盘王庙"、宁明县壮族先祖"骆越王庙"、江苏省淮阴市南园、安徽省黄山北大门于志学艺术园大门和艺术馆等项目，都获得了好评。

从业以来，笔者创作了大量的建筑画，毕生心血凝聚为《手绘中国造园艺术》和《陆楚石设计作品集》两本书，得到了原中国建筑历史研究所同事们的支持和帮助，再次表示感谢！

笔者经过数十年的历练，对于旅游景点、园林设计的实践有以下心得：第一，提倡在遵循中国古建园林文化的范畴中设计，在传承中创新，融入时代感；第二，根据各景点的功能要求，设计具有民族风格和地方特色的、中国园林文化天人合一、生态美观的旅游景点；第三，反对用"洋"文化设计，提倡古为今用、推陈出新、有所创造、有所作为，创作出新颖美观、简洁大方的设计作品。

序言一
潜心绘园　古为今用

前几日接到楚石老友的电话，提及近期将出版一本《手绘中国造园艺术》。而今看到手稿，对他数十年来付出的努力和取得的成就深为感叹。1958年楚石与我先后分配到建筑工程部建筑科学研究院工作，楚石在建筑理论及历史研究室从事中国传统园林的研究工作。时任院长汪之力和研究室主任刘祥祯等领导对于有才华、有能力的年轻人非常器重，因此园林研究组集聚了以杨鸿勋为代表的一批优秀人才，楚石就是其中的佼佼者。在研究任务繁重、学术竞争激烈的复杂境况下，楚石埋头学问，收集整理了很多素材，还将当时有些争议却非常珍贵的历史资料、敏感材料保存下来，潜心研究，在"古为今用"的创作实践中形成了自己独到的见解。在1964年开展"四清运动"后，研究室开始自我批判，持续了大半年，1965年研究室就被解散，人员分散各地，再后来又赶上了"文化大革命"……岁月蹉跎，我与楚石已有五十年没见面了。

关于这本著作，楚石早年间就已经着手准备了，他从设计与构造的角度研究阐述中国人传统的空间造园观，用笔生动地记录和描绘了中国传统园林的发展演变，其中不乏遗址已然改变的珍贵史料。这些累年积淀的原始材料，对于真实、全面地保存和研究中国古建筑及传统园林遗产的历史信息及全部价值是有重要意义的，这也代表了楚石等一大批建筑史学家对挖掘整理、保护传承和创新发展中华优秀传统文化的无限真诚，充分诠释了国人的文化自信与责任担当。

全书按照造园学的思路编排，研究对象涵盖了祖国各地著名的私家园林、皇家园林及寺庙园林，书中还收录了一些不对外开放且寻常难得一见的园子。五十余年来，楚石秉持匠人精神，笔耕不辍，坚持实地调研、现场绘制，掌握第一手资料，将跨越时空的传统造园理念、价值标准、审美风范，凝聚在六百余幅手绘作品及图文释义之中。这些原创作品对传播交流中华优秀传统文化，增强国人的文化认同感和参与感是有重要意义的，对于现如今全国各地园林营造也有极为重要的参考价值。

该书是楚石为中国园林事业拼搏一生的实践成果，确属难得的原创精品，具备重要的艺术价值和较高的文化品位。楚石知我对中华优秀传统文化的尊重和热爱，特嘱我为序，于是写了一点短语冗言，借以作为对此书出版之祝贺。至于书中丰富的内容和传统造园经验、心得、总结等，还请读者自己去品鉴，在此不做赘述。

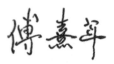

2017 年 6 月 26 日

（注：笔者为中国建筑设计研究院名誉总建筑师、中国工程院院士）

序言二

    中国古典园林是东方园林的代表，持续地影响着周边国家及地区，显露出与西方园林在学术上截然不同的成就与理念，在世界园林发展史上有着重要的地位。中国古典园林所包括的内涵有多方面的展现，如皇家宫廷园林、民间私家园林、寺庙园林、风景区园林等，在园林景观设计方面更有突出的理念及创意，将建筑、植物、山石、湖沼、辅助构筑物等园林要素结合在一起，形成有艺术构思的景色，即所谓的"造景"。

    陆楚石先生所著《手绘中国造园艺术》一书，在这方面作出了可贵的探索。作者长期从事园林规划设计工作，积累了丰富的实践经验，并在业余时间，对全国著名的古典园林进行了调查、测绘及造景分析，形成了自己的造园观点，总结为这部学术著作。其观点可概括为几点：首先，造园的重点在于造景，而"造景"必须先有立意，即明确要表现什么内容的景观，中国古典园林设计的主要立意是表现山水画意或名胜景色，故造景内容极为丰富，可随宜而造；其次，景观须有主景、次景及联系空间的安排，彼此之间形成系列，游人漫步其中，达到"步移景异"的效果；再者，各类景观的设计重点不同，在组成景观的建筑、植物、山水等要素中，皆可突出某一要素，形成特色。故造园设计中一定要"因地制宜"，切忌千篇一律。另外，该书编写还具有一项鲜明的特点，就是配置了大量的手绘图纸，包括平面图、三维透视图及造景分析图。这个特点在同类书籍中是很少见的，为文章的理论阐述增加了直观的例证。故此书将为国内园林设计师创作具有中国民族特色的新园林，提供重要的参考借鉴，是一本很好的学习文献。

孙大章

2017 年 6 月 29 日

（注：笔者为中国建筑设计研究院原顾问总建筑师）

序言三
不忘初心，矢志不渝

楚石同学是江苏常熟人，1953 年就读于东南大学，与我是同班同学，当时全班学生多达 73 人，在班上大家都称呼他为小陆。可能是因为当时在中华人民共和国成立后不久，百废待兴，国内亟需科技人员，所以我们班的课程安排得相当紧，共有 15 门课，而且被告知无法再设外语课，外语要以后在工作单位脱产补学。课程紧张，大家都在抢时间。毕业后，他被分配到建筑工程部下属的建筑科学研究院砖石结构研究室，我则被分配到尚待成立的建筑理论及历史研究室，暂时先去木结构研究室。第二年，我在单位脱产补学一年俄语，此时小陆已转到建筑理论及历史研究室，约一年后我也转到该室。

在建筑科学研究院汪之力院长的领导下，刘祥祯任建筑理论及历史研究室主任，小陆协助组建该室，当时将清华大学的梁思成教授和同济大学的陈从周教授聘为顾问指导工作，促使研究室最终设置了古代建筑、近代建筑、园林（包括古代园林研究与园林设计）、壁画、东阳木雕、砖雕、琉璃瓦、雕塑等专业，并物色了一批有特色、有才干的优秀人才，因此研究工作开展得比较顺利，在全院颇具特色。当时小陆编入园林组，是组内的一员干将，立下了不少汗马功劳。

但好景不长，在 1964 年的"四清运动"中，建筑理论及历史研究室被定性为搞的是"资产阶级上层建筑"。至 1965 年，研究室被解散，全室八九十人被分散各地，园林组除约有半数的人被"端"到北京市政工程研究所以外，其余人员分散至好几个省市。紧接着是"文化大革命"，下放劳动，直至 1977 年我接到刘祥祯写的一封信，告知园林组可能要重建，但地点远在北京的潘家园，希望原有的人员能尽量回去。这时大部分人都已改行，且路途太远，闻之黯然。

园林组解散时，只有小陆一人为了搞园林，只身去了桂林。后来听说他在那边做建筑设计，有时也能做一些风景建筑和园林方面的设计，不禁为他高兴。记得有一年我班少数同学在北京聚会，小陆曾说起他要绘制一本"中国园林建筑图集"，那时我认为此事困难较大，只怕难以如愿，所以从不向他问起此事。但这次突然见到他的《手绘中国造园艺术》初稿，确实为他数十年的坚守与努力而震撼。此书广撷博采，蔚为大观，是一部凝聚着他刻苦、坚韧、实干、率真的巨著，同时也凝聚着他一生的心血，更何况此书的后半部完成于垂老之年、病榻之上。想当初园林组近 30 人，能一生不忘园林的恐怕也只有小陆一人。

《手绘中国造园艺术》一书有六百多幅作品，全部都是小陆的手稿。此书包含两方面的含义：一、从设计构造角度解读中国园林；二、中国园林的造园手法和理念所形成的艺术效果，在过去有关园林方面的著作中，一般以平面图的方式出现，而对我国古典园林的造园手法和理念所形成的艺术效果，如园林空间的相互契合、渗透等极具魅力之处，是绝非一幅平面图所能详尽，其中楼台高下，花木参差，路径盘曲，所取意境或以诗文出之，或借助题额点出景色之精髓，也绝非一幅平面图或三言两语可以穷其奥妙。《手绘中国造园艺术》中的六百余幅作品以及三十多个园林的构造剖析，将所有景点以透视效果充分表达，涵盖了园林空间构成与造景技术，可谓蔚为大观，其他在建筑形态、叠山理水、路径、小品、花木等方面同样以手绘来达到精湛生动的效果，不能不令人叹服。

　　此书的出版是对中国园林史的一大贡献，相信读者在获得中国园林有关知识的同时，也能感受到作者对我国古典园林文化的无比执着与深爱。是为序。

张践键

2017 年 9 月 18 日

前　言

我国是一个文明古国，有悠久的历史和丰富的文化遗产，古典园林便是这珍贵历史文化遗产之一。中国古典园林独树一帜，自成体系，有宏伟气魄的皇家园林、有玲珑小巧的私家园林、有烟波浩瀚的自然风景园林、有为之一勺的庭院清潭、有遐迩闻名的江南三大名楼、有诗情画意的叠山理水、也有一石一树的园林小景。自然山水、古典园林与民族建筑之间的天然契合，造就了明清时期江南地区士大夫提倡的高雅艺术，这对造园、建筑、家具、绘画、刺绣等方面都产生了巨大的影响。艺术也由此从具象思维跨入抽象思维领域，这是一种文化艺术成就和形象思维的转变。

中华人民共和国成立后，各地的园林事业都有了很大的发展。为配合城市建设和旅游事业的发展，创造美好的宜居环境，提高造园艺术水平，有必要深入地对中国古典园林的设计进行分析研究，作为对创作设计新园林的参考和借鉴。

我成长在苏州地区，就读于东南大学，毕业分配在原建筑工程部建筑科学研究院建筑理论及历史研究室（注：现中国建筑历史研究所），从事中国古典园林的研究工作。后下调地方建筑设计院从事旅游景点规划和建筑设计。代表作有广西壮族自治区国家 AAAA 级景点世外桃源、民俗风情园、四美园、桂林美术馆、蝴蝶馆、碧居山庄、钦州和谐塔、壮族先祖骆越王庙、瑶族先祖盘王庙、桂林桂海碑林大门及碑阁、黄山于志学艺术馆及大门等建筑设计。

数十年来积累了许多手绘古典园林和建筑设计作品，汇集成《手绘中国造园艺术》和《陆楚石设计作品集》两本书，希望能为园林文化艺术的传承有所贡献。本书在整理书稿过程中得到了原建筑理论及历史研究室傅熹年、孙大章、张茂能等同事的认可和支持，在此我谨表由衷的感谢。这两本书籍是新中国培养的第一代知识分子的汇报成果之一，可惜我于 2015 年 7 月患脑梗，从此身体欠佳，刊印这两本书，也了结了我的心愿。书中有部分文字可能论述不够精准、图幅不够正确，难免会有不妥之处，请广大读者指正。

陆楚石

2017 年 6 月

目　录

第一章 造园概论

第一节　中国古代园林的溯源

我国是一个文明古国，有着悠久的历史，造园艺术更是源远流长。中国园林是一份十分珍贵的历史文化遗产，像一支鲜花，永远光彩夺目（图1-1）。我国的造园艺术是集诗文、绘画、风景、建筑为一体的文化瑰宝，在世界文化中有很高的地位。

历史上最早的、有信史可证的皇家园林是公元前11世纪商朝末代帝王商纣所建的"沙丘苑台"和周朝开国帝王周文王所建的"灵囿""灵台""灵沼"。其后著名的宫苑有秦和汉的上林苑、汉的甘泉苑、魏晋时期的华林苑、隋的洛阳西苑、唐的长安禁苑、宋的艮岳等[①]（图1-8）。

汉代之前的园林名为苑囿，是用来种植一些奇花异草、畜养一些禽兽，供皇帝狩猎游玩的地方。公元前221年秦始皇灭六国后，为求长生不老，秦始皇派人到海上神山求仙药硕果，误认为蓬莱仙岛就是仙境，便在上林苑中凿长池、引渭水，在水中堆筑了三座岛屿，象征神话传说中东海的瀛洲、蓬莱、方丈三座仙山，池中的三山使原本空旷的水面产生了深远而变化无穷的效果和丰富的景观层次，尤其在烟雨迷蒙或雾气弥漫的时候，更有仙山神岛虚无缥缈、超凡出世之感，以求仙人降临。这些追求神仙的思想具体反映在园林中，就是一池三山（瀛洲、蓬莱、方丈）的景观，一直沿用到清朝。如图1-9、图1-10所示即借鉴蓬莱仙岛，把神仙境界引入了园林当中。

图1-1　陆楚石画中国园林想象园景图

◎ 图1-2～图1-7为陆楚石临摹山水画中的园林园景图。

图1-2　临摹清钱继成江山览胜画轴图

◎ 我国造园的园景就像山水画，变成立体的空间意境。绘画是画家创作的自然山水景色，造园家将自然山水意境透过人工构造一个像画面一样美的自然空间。

---

① 《宋史》卷八十五地理志，赵佶、张淏《艮岳记》。

图1-3 临摹图

◎ 中国园林造景的处理手法和画家的绘画有异曲同工之妙。

图1-4 临摹图（山水画）

◎ 评价一幅山水画的标准有三点：画家将山画得很高，直插云霄，高耸雄伟谓之高远；将水面画得很深，谓之深远；画面景观有一望无际之感，谓之平远。达到以上三点，画面才达到完美的境界。中国自然山水园就是要造宋画所表现的景观。

图 1-5　临摹图（晴峦萧寺图）

◎ 画家在山水画中画了中国传统的景观建筑，画面和谐美观。

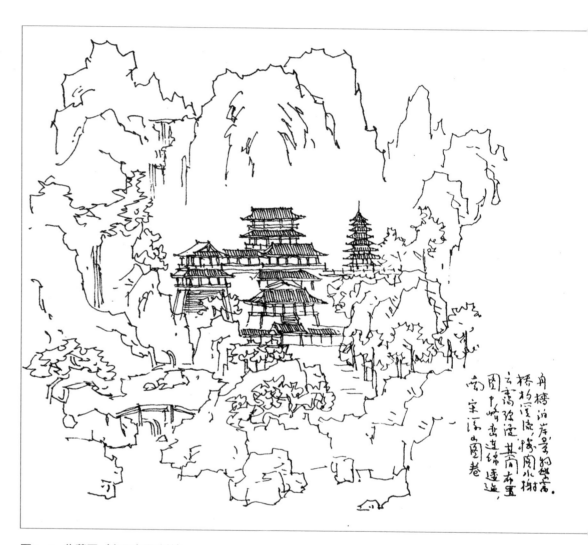

图 1-6　临摹图（宋画中国建筑）

◎ 传统的中国建筑在山水画中和谐得体，这就是中国的建筑文化。

图 1-7 临摹图（唐代的曲江图）①

◎ 曲江图展现了规模宏伟的皇家建筑在自然山水环境中的园林气魄。亭台楼
阁、曲桥廊榭，犹如身临其境，这就是中国自然山水园的魅力。

摹 唐 李昭道《曲江图》（注1）

---

① 本图临摹于北京故宫博物院图书馆内某期刊。

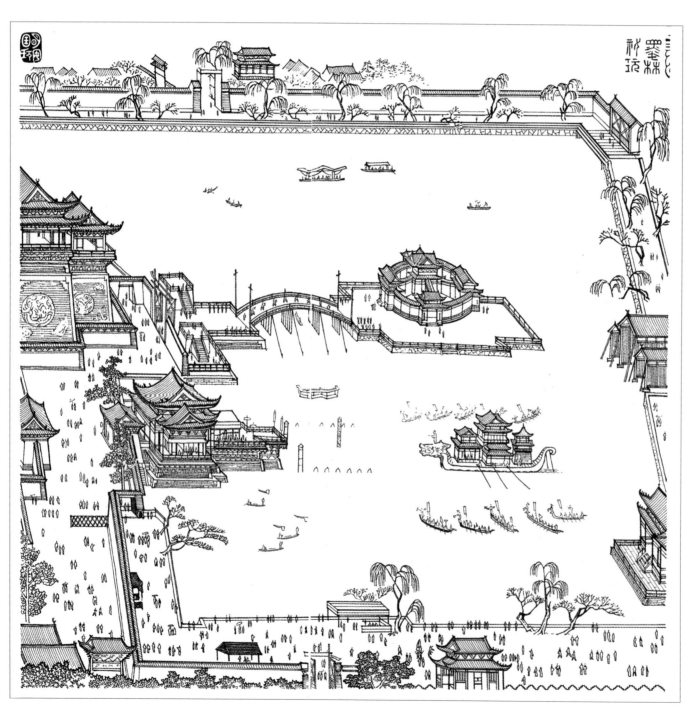

图 1-8 临摹宋金明池夺标图

◎ 这是一座皇家园林，每到农历三月三，都对民众开放游览，并表演龙舟竞赛夺标节目，画面生动，建筑瑰丽。本图文字根据李濂所撰宋张择端的《金明池龙舟争标图》，图根据原画复制。

第二节 中国古代园林的特征

图1-9 临摹清袁耀绘自然环境中的景观建筑

园林是自然与人工的完美结合，既是对自然的模拟，于方寸之间显露自然的意趣；也是对自然的加工，一草一木都能显出造园者的匠心独运。中国园林把假山鱼池、亭台楼阁等人工布局与大自然的花草树木、清风明月浓缩在一起，创造了人与自然和谐相处的艺术生活（图1-11～图1-18）。

现存的北方皇家园林多建于明（1368—1644年）、清（1616—1911年）两代，是封建帝王居住、游赏、宴饮、射猎的场所，占地广阔，陈设考究，营造时耗费了大量的人力物力。南方的私家园林集中在自古文人荟萃的长江下游城镇，或是文人墨客归隐闲居、亲近自然的场所，或是官僚富贾争奇斗富、声色犬马的舞台。北方园林以雄奇见长，南方园林以秀美著称。名园如珠，从南到北散落在各地，无声地讲述着中国的历史与文化。

图1-10 临摹清袁江绘建筑风景画

图1-11 临摹某山水画

◎ 渔民的民居建筑和自然山水景观和谐得体。

图 1-12　临摹元人广寒宫图

◎ 月宫仙境是人们追求的地方，绘画中反映了中国风景建筑的组合与空间关系。

图 1-13　临摹图（宋画中国民居）

◎ 中国民居在山水环境、绘画中都能入画，且与画面和谐自然。

图 1-14　临摹清袁江建筑画家的建筑画

图 1-15　临摹宋画建筑和环境关系图

图 1-16　临摹宋画宫廷建筑图

图 1-17　临摹溪亭客话图

中国古典园林从建园的方式大致分成两类：一类是自然风景园林；另一类是人工造园林。

一、自然风景园林

自然风景园林的范围较大，利用优美的自然条件，在真山和真水的基础上进行加工，结合自然环境来进行创造。建筑物的设置是利用自然地形地貌进行布置，因此建筑随地势的高低起伏变化。杭州的西湖便是自然风景园林的经典案例。苏东坡和白居易来到杭州做刺史的时候，在西湖上修建了两条堤，一条是苏堤，一条是白堤，这两条堤确定了西湖的范围。自此之后便在西湖上造了西湖十景——苏堤春晓、曲院风荷、平湖秋月、断桥残雪、柳浪闻莺、花港观鱼、雷峰夕照、双峰插云、南屏晚钟、三潭印月（旧西湖十景）。扬州瘦西湖实际上只是一条河，它没有大的湖面，很多自然景观以杭州西湖为蓝本借鉴。

康熙皇帝六次从京杭大运河下江南来到杭州，看到西湖的景色十分优美，回京之后无法忘怀。于是敕令建造了承德避暑山庄（图 1-19 ～图 1-22），其中的三十六景便是受西湖十景的启发而建造的（注：后乾隆皇帝敕令建造了三十六景，与康熙时期的三十六景合并为承德避暑山庄七十二景），承德避暑山庄历经清康熙、雍正、乾隆三朝。到了乾隆时期，乾隆皇帝看了西湖之后，命人建造了"三山五园"（注：乾隆皇帝是一位造园大家，对中国造园艺术有很大的影响，他在位时期花费了国库中大量的金钱用于造园）。"三山"指的是香山、玉泉山、万寿山，"五园"指的是畅春园、圆明园、静明园、静宜园和清漪园（注：颐和园），清代的"三山五园"对北京城的建设具有极大的贡献（图 1-23 ～图 1-25）。

图 1-18 临摹浙江钱塘江观潮图

◎ 塔和观潮厅都隐藏在树荫中。

图 1-19 清乾隆时期承德避暑山庄及外八庙
名胜图

◎ 承德避暑山庄及外八庙名胜的选址,是中国造园史上最值得称道的一个成功案例,山庄园林的中心部位是背山面水的最佳位置,可以举目环视外八庙的风姿,从中可见选址的优越性,值得后人借鉴。

本图根据承德避暑山庄管理处测绘图复制。

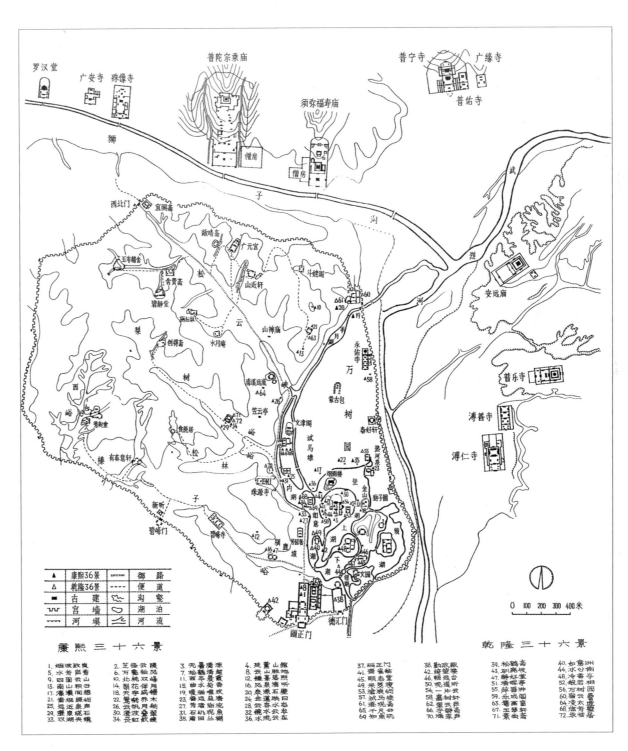

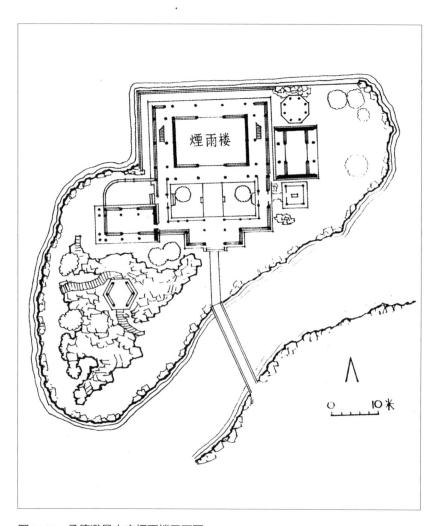

图 1-20 承德避暑山庄烟雨楼平面图

图 1-21 承德避暑山庄烟雨楼景观图

图1-22 承德避暑山庄小金山景观图

◎ 乾隆皇帝六次下江南，借镇江金山寺为名，在承德避暑山庄内设计小金山，园林界称之为变体园。

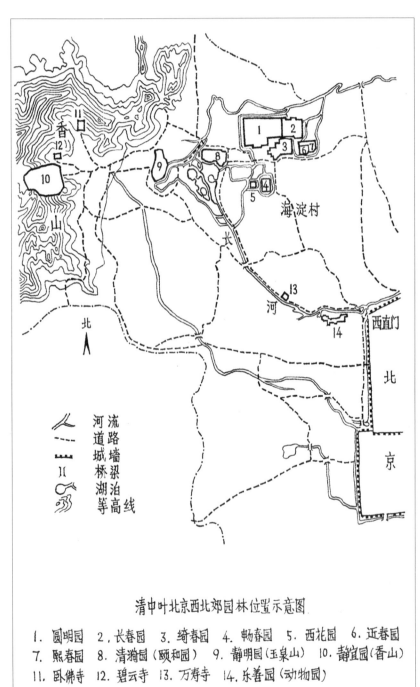

清中叶北京西北郊园林位置示意图

1. 圆明园　2. 长春园　3. 绮春园　4. 畅春园　5. 西花园　6. 近春园
7. 熙春园　8. 清漪园（颐和园）　9. 静明园（玉泉山）　10. 静宜园（香山）
11. 卧佛寺　12. 碧云寺　13. 万寿寺　14. 乐善园（动物园）

图 1-23　清中叶北京西郊皇家园林位置图

◎ 这段历史正是乾隆朝最兴盛时期，乾隆时期兴建"三山五园"，其中圆明园和清漪园（颐和园）最为壮观。

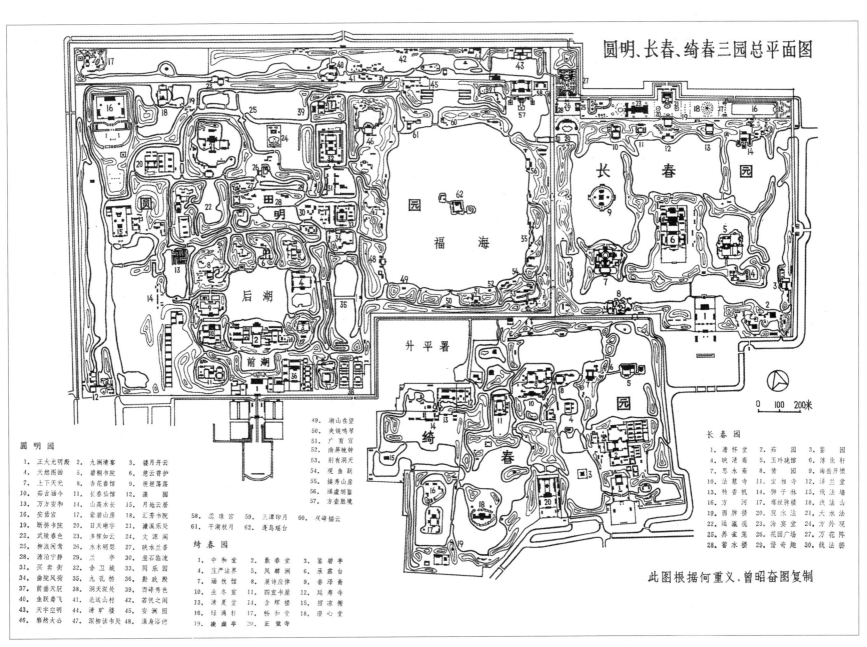

图1-24 圆明园、长春园、绮春园总平面图

图 1-25 临摹圆明园图

二、人工造园林

我国传统园林均属于人工造园林，其自然条件较差，是以人工创作的自然园林。如士大夫、富庶人家的私家园林，这类园林的规模不大，一般都依附在住宅的周围，往往在平地上挖池堆山或利用底面地形来塑造地表。在造园的方法上很有讲究，明代的造园家计成写了一本书《园冶》，书中提到因地制宜、因景制宜是造园的基本原则，好的景观要暴露出来，不好的景观要隐蔽起来。还强调了借景和对景对园林的重要性，人工造园要做到虽由人作，宛自天开。造园的意境要力求做到同济大学的陈从周教授《说园》里所说的一句名言——"庭院深深深几许"。

追求诗的意境和画的构图是中国园林的主要特征。中国山水画是中国人工造园的蓝本，山水画的评价标准有三远——高远、深远、平远。其中，宋画对后代的影响非常大，特别是对建筑界。界画在宋代十分有名，对后代建筑师的影响极大，其具体表现就是宋画中桥头绘有大石、小山、大树的这种小桥流水的意境被引入人工造园当中。造园就是造美感的景观、有艺术性的景观。

苏州园林是人工造园的代表。苏州是"苏州园林"最集中的城市，是人工造园的代表之地。明、清时期，由于苏州、杭州物产丰富，生活条件优越，文化氛围充裕，有很多士大夫（还包括一些落榜的文人、被贬的官员）厌倦官场，辞官之后来到苏州，买一块地，自己造园。这些都是很有学问的文人，写得一手好字，画得一幅好画。后来这些文人所造的花园被称为文人花园，它追求一种雅致、清高的意境，在城市之中能享受自然风光，后来园林成为了人们的理想家园。

虽然这两类园林的规模大小不同、建筑华丽和素雅的风格不同，但是两者都是以欣赏自然风景为目的。除了方整的建筑庭院以外，绝不形成一定的几何形状，林木都是自由配置，让其自然发育生长。对于优美的自然风景素材，更是千方百计地纳入园内的景观当中。换言之，中国园林景物处理都是以利用自然、抒发自然、创作自然和欣赏自然为目的。

第三节　诗画对中国古代造园的影响

中国造园来源于祖国名山大川的优美风光，借自然之美经营造园。城市平地造园，土地有限，地形平坦，河沼不广。若将自然之大浓缩于咫尺园林之中，困难是很大的。唐、宋文人山水画的创作，把名山大川之美景，寓于尺幅画卷的经验被移植到城市平地造园之中，他们取材于诗画意境来创作立体的图画[①]。绘画与造园对于自然风景的剪裁取舍，都是经过概括提炼后，才进行画面和空间的创作。画面和园林之中的一山一峰、一水一木都不是自然的实物，而是实物的再创造。园林的空间意境是运用传统的绘画理论、根据造园的特点，将建筑山水花木等自然环境组织在一起，构成各种不同的空间意境，从而形成了我国自然山水为主题的园林风格。

历代诗人、画家中有许多优秀的造园者，特别是明、清时期，名园几乎全是由画家布局，清朝许多皇家园林都是由皇家画院——如意馆的画师设计。但园林毕竟是人造的景物，不可能将自然美完全逼真地再现出来，其中的诗情画意，多半是人的审美经验的发挥，即所谓触景生情、情景交融，观赏者的文化素养越高，对园林美的领会就越深，越能够与造园者的审美趣味达成共鸣（图1-26、图1-27）。

绘画在江南一带的文人中有很深的文化基础。绘画中的景观意识对于造园的影响，不论是直接的或者是间接的，都是一个非常重要的因素，潜移默化地影响着苏州园林。画中的美丽画面经过匠人的建造成为立体的三维空间。这个立体的真实的空间是一个人为的人工再现自然之美的空间，可赏、可玩、可游。苏州的拙政园是经过画家的作画创意和他人的培育才成为今天看到的拙政园，才成为经典的园林。苏州的留园也经过了数位画家对留园

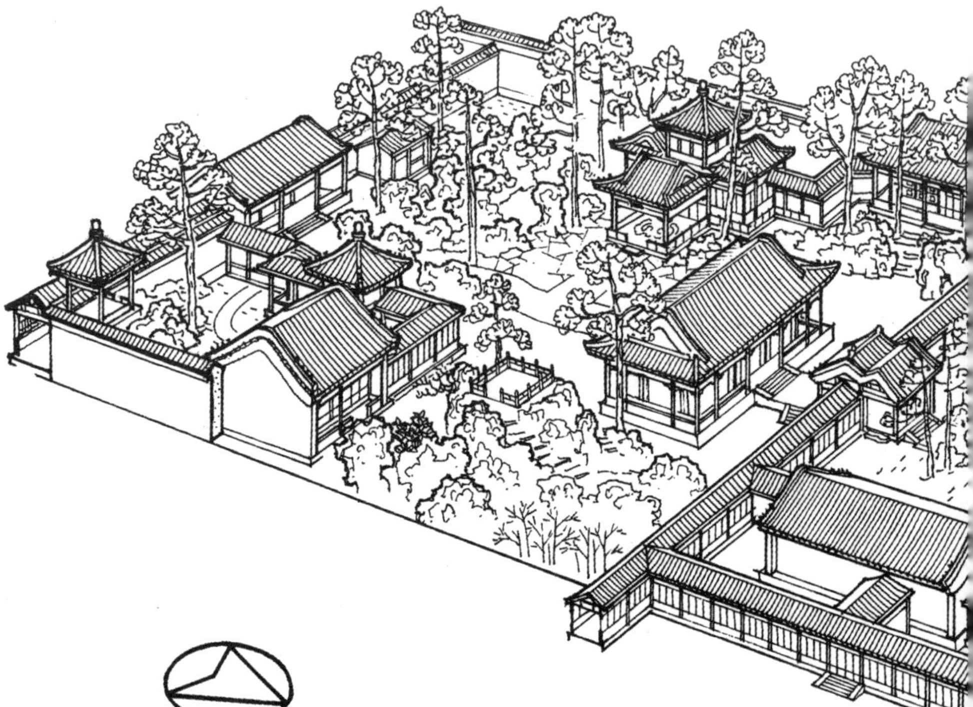

① 中国画论类编，宋郭熙《林泉高致》，"世之笃论，谓山水有可行者、有可望者、有可游者、有可居者；凡画至此，皆入妙品"。

图1-26　清故宫乾隆花园鸟瞰图

◎ 乾隆花园就像一幅悬挂中堂的竖向山水画立轴，画面山高峻岭，假山规模险峻。据说乾隆皇帝夏日还在山顶的建筑内避暑纳凉，真有崇山峻岭隐居的清高风雅。花园虽在平面上展开，而造园意境就像一幅竖向的山水画轴，后面的山峰越来越高，越来越险峻，山上还有一座建筑，为居士隐居之所，非常浪漫风雅，反应出乾隆皇帝的品格性情。

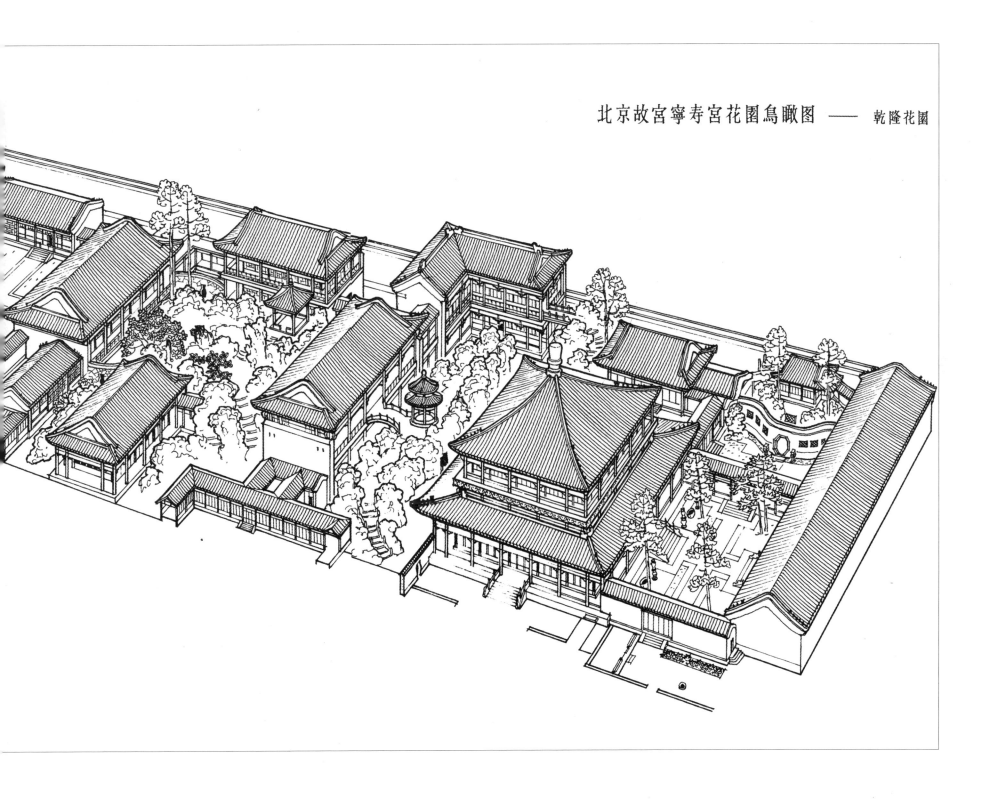

北京故宫宁寿宫花园鸟瞰图 —— 乾隆花园

的描绘，再从画中汲取其中的优点，加以改善，最后才成为了经典的园林。苏州这两座园林建成后对于江南各地的造园影响极大，大家都按照这两座经典园林为蓝本，如上海的豫园和浙江同里的退思园等都受到这两座园林的影响。

在诗文绘画的影响下，那些"轩楹高爽，窗户邻虚，纳千顷之汪洋，状四时之烂漫"（《园冶》）、"山色湖光共一楼"的意境被引入造园之中，从而才能创作出景似画中境、人若画中游的景致。正如计成说："贴情丘壑，顿开尘外想，拟入画中行"。这些情趣在内、深意外流的意境，真是悦人以景、感人以情，达到景情交融的境界。宋代陆游的"山重水复疑无路，柳暗花明又一村"的诗意对于宋代之后的造园强调曲折幽深、景宜于藏的思想，对组织园林空间，在园林中增加园景的深度、层次，避免一览无余的造园理念都起到了很大的作用。

山水画中"三远法"（高远、深远、平远）的创作思想，也反映到了中国园林艺术的构图之中。宋代郭熙论画："山无深远则浅，无平远则近，无高远则下"，这是宋画中所展示的高山流水、意境高旷、布景开阔、景深莫测的画意。计成在《园冶》中所反映出的创作思想，园景要"高原极望，远岫环屏""层阁重楼，迥出云霄之上，隐现无穷之态""山楼凭远，纵目皆然"，在景的高度、远瞩上下功夫。又说："悠悠烟水，澹澹云山"，借"湖平无际之浮光，山媚可餐之秀色"，可见园景尽量拓展视野，平远千里。景深"竹里通幽，松寮隐僻，送涛声而郁郁""漏层阴而藏阁"等。由此可见，《园冶》中的造园思想与山水画中"三远法"的创作思想如出一辙。"三远法"的创作思想丰富了园林的创作构思和立体构图（图1-28、图1-29）。

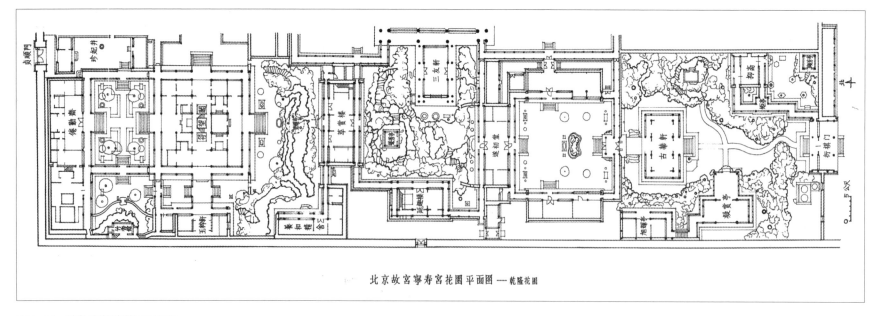

北京故宫宁寿宫花园平面图 —— 乾隆花园

图1-27 清故宫乾隆花园平面图
◎ 虽然长地形对乾隆花园带来很大的局限，但其布局严谨而丰富，每一单元景观形式变化，主题明确。到第三个单元假山林立，有山林隐居之感觉。

清故宫御花园鸟瞰图

图 1-28 清故宫御花园鸟瞰图

◎ 清故宫御花园是故宫的后花园,其位置处于故宫的中轴线上。由于故宫气势磅礴,布局严谨,故此花园建筑布局采用对称就位,呈现出皇家园林的气魄和魅力。建筑造型丰富美观,树木葱茏,假山得体,四时花卉及各式花台、路面铺砖、水池及汉白玉栏杆等造园手法精致,园林景观丰富且极具艺术美感。

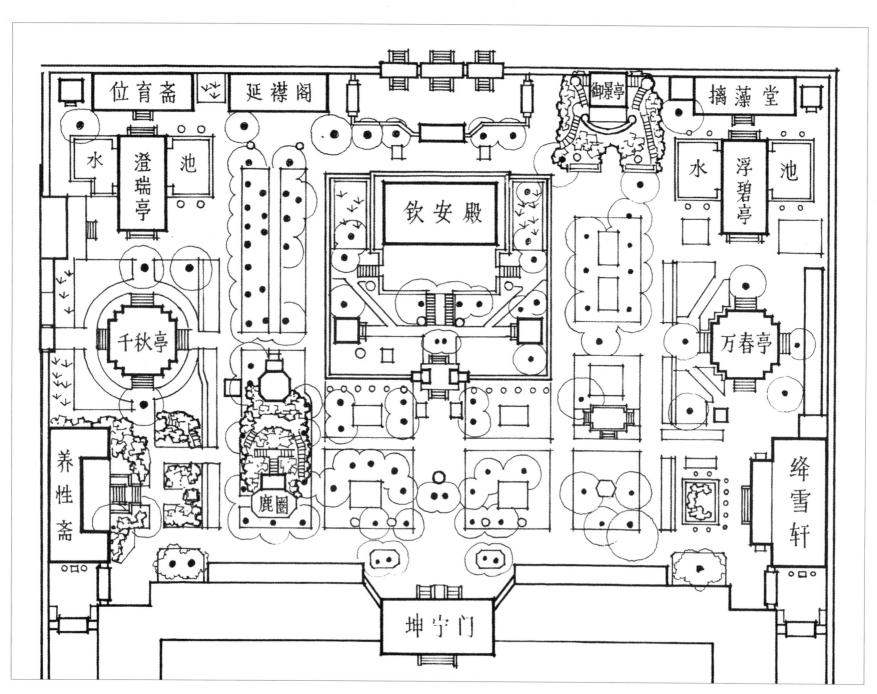

图 1-29 清故宫御花园平面图

画家之所以能经营出经典的园林，是因为画家的审美水平很高、美育素质很高。一个优秀的造园家必须具备很高的审美水平，以北京颐和园里的万寿山为例。北京颐和园主景为万寿山，山上的主建筑原本设计了一座塔，在准备动工时，乾隆皇帝发现塔的体量和万寿山的雄伟不相称，决定改成一座阁。阁是古建筑中最为庄严的建筑，称为建筑之冠。阁的形象显然与万寿山更为呼应。能发现问题的所在不是一件容易的事情，是靠乾隆皇帝长期积累的审美知识。乾隆皇帝对于中国的字画、工艺美术等具有很高的艺术鉴赏水平。更改颐和园中万寿山的主体建筑，由塔的概念转变为阁（佛香阁）的突破就是美育素质的体现。故此说，美育素质高低是造园艺术成败的关键（图1-30、图1-31）。

北京恭王府萃锦园鸟瞰图

图1-30 北京恭王府萃锦园鸟瞰图

◎ 这是清代和珅营建的一座私家园林，从园门入口和假山台阶看，已经受圆明园晚期和西方建筑的影响。萃锦园是一座大型的私家园林，但园景艺术和建筑艺术一般，不能称之为一个经典的上乘作品。

北京恭王府及萃锦园总平面示意图

此图根据中国建筑科学研究院情报
所编建筑历史研究简讯重新绘制

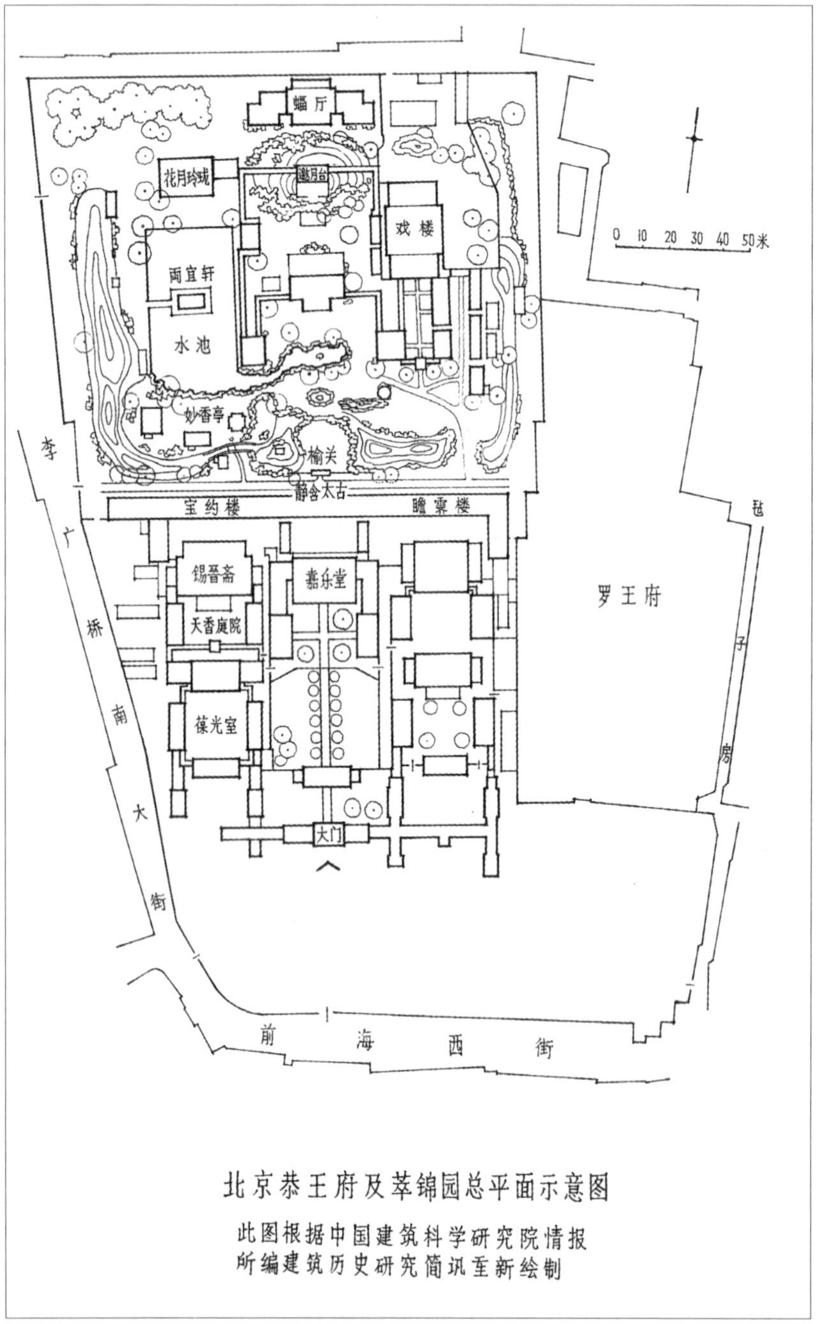

图 1-31　北京恭王府及萃锦园总平面示意图

第四节　中国造园文化的传承与发展

中国园林的文化价值是国宝级的文化遗产，在世界园林史中独树一帜，也是全人类的宝贵遗产。但是有人认为，由于时代的进步和变化，中国园林没有现实意义，对之持否定态度。当然，现代建筑也很难再照搬苏州园林去复制建造。

随着我国建设事业的不断进展，各大城市都在建造博览园、公园绿地，"小康"后的农村对环境改善的需求与日俱增，很多地方都在做养生养老基地，更有些地方在建设旅游景点。对于建筑师和规划师来说，如果对中国传统文化有兴趣，或是位有识之士，则会在各个设计项目中千方百计地对生态、环境和园林进行设计创作。至于创作构思是不是能够落地，是设计师去不去把握的问题，是机遇问题，而不是文化传承遭遇淘汰的问题。

最近，有一位朋友带了很多苏州园林的照片来找笔者，说想要参照类似的建筑形式和环境来建造他的住宅和景点。他认为，钢筋混凝土结构的现代建筑经不起时间的推敲，比如，有一段时间不论什么建筑，外墙都贴面砖，就像"明星赶时髦"一样，没过多久，就不再流行了。中国造园文化基于对人居环境的生态追求，与人们的生产、生活环境和气候条件有着密不可分的需求关系。

中国园林是人类理想的家园。丑恶的东西没有生命力。中华民族追求真、善、美的哲学观是中国园林文化的理论基础，中国园林营造美好生活环境的理念将永远被人们喜爱，造园文化的传承与发展是社会需求的价值体现，绝不会沦落为有些人所担心的遭到后人抛弃而衰落的命运。

针对中国造园艺术，笔者总结了以下六个方面的认识。

第一，对园林景观四个要素的认识。

中国园林所追求的天人合一思想，在于寻求人与自然的和谐，强调人与自然共生共融。花、鸟、鱼、虫始终是园林创作的素材，山石、林泉、植物、建筑是中国园林的四个基本要素。通过对这四个基本要素的关系处理，在狭小的空间中表现恢弘的自然山水之势，营造出一系列从园外的人工环境到园内的"自然"山水之间的过渡空间。

第二，对园林和绘画之间的关系的认识。

中国的山水画是造园之本，造园是欣赏自然美的一种艺术。山水画的美感是造园的灵魂，它贯穿造园艺术的全部成果。造园者美育素质的高低是造园艺术成败的关键。造园的初衷是将平面的山水画变成三维的立体空间，使人进入这个立体空间，能赏能游。

第三，对园林经典的认识。

江南私家园林被视为园林经典的代名词，但绝不是说江南地区的私家园林都可以称之为园林经典。园林经典需要谨慎界定，具体分析。江南私家园林中，有一部分园林经典是经过高素质、高学识的文人、画家参与设计，以及历代文化的积累沉淀才达到成熟的顶峰。如南京的瞻园、无锡的寄畅园、苏州的拙政园、留园、艺圃等就是园林经典，成为后世造园的蓝本和借鉴。

第四，对园林雅致与庸俗的认识。

明、清时期，苏杭地区已经成为文化艺术的中心，出现了评弹、昆曲、工艺美术、木雕、织造、刺绣等高雅艺术，中国园林也是其中之一。苏杭地区积聚了这样一批人，有官场失意的、有仕途失意的、有科举落榜的、有告老还乡的。这些人在苏杭买地盖宅、建后花园，他们身居闹市，享受优越的城市生活条件，同时希望享受自然环境之美。这些人都通达四书五经，擅长琴棋书画，闲情逸致，崇尚自然，意志清高。风花雪月、花鸟鱼虫是创作园林意境的永恒题材。由表现具象艺术转变为表现抽象艺术，这是一种思维意识的进步，天人合一的自然境界是造园艺术的永恒追求。在这样的天时、地利、人和的客观环境下，苏州地区才能创造出一批今天看到的经典的"苏州园林"。

第五，对园林假山的认识。

中国园林由于地理或地形的局限，如江南一带没有形成自然山岗，园林中要形成自然山水有困难，用挖池堆山的方法发明了假山。叠假山要求技术与艺术并存，苏州园林中有一些假山是采用挖池堆山的方法，将挖的土堆成山，周围用石块堆砌形成山岗，其上种植树木，形成山林环境，这种用自然石块和土堆叠起来形成的山脉即假山。假山有很大的局限性，由于人工堆山的高度受限，不能像绘画一样，造出高远的意境。但是，假山能造出溪流、瀑布、盘道、悬崖等各种自然的山体特征。

第六，对园林意境和命题的认识。

大部分的园林规划设计是分景区的、有意境的、有命题的，也有一些没有特定涵义和题目而形成的园林景观。有一些园林建造完工以后，园主人请名仕进行点题、作匾联、作诗，如《红楼梦》中的大观园，贾政命贾宝玉进大观园作诗题名，这就说明在造园之前，也有些景区没有特定的意境和点题。当然，在园林规划时，有意境、有命题则更容易达到设计要求。

简而言之，造园应从大到一个区域、小到场地周围的自然资源类型和人文历史类型出发，充分利用当地独特的景观元素，营造适合当地自然和人文特征的景观类型。

第二章　园林的空间构成与造景

第一节　园林设计

一、功能

中国园林历来以满足物质和精神的需求而营建，也就是说，要解决实用和艺术两方面的功能问题，我国历史上遗留下来的皇家园林和私家园林莫不如此。如北京颐和园，清代统治阶级厌倦宫禁，每年有很大一部分时间住在园中，在园内审理朝事。仁寿殿，是行政中心，乐寿堂是居住区、御膳房、寿药房、大戏台等都分布在附近，这是使用功能方面的要求。在园林境界方面，即造园艺术方面，园中前山景阔开朗，碧波浩荡，极目抒怀，殿阁重宇，金碧辉煌，曲折幽静，林荫密茂。而谐趣园中一池荷风，委婉廊榭，达到了很高的艺术境界。私家园林虽规模较小，也可以供游憩、聚友、宴客、读书、听戏、居住等用途。园内凿池堆山，莳花栽树，小范围的山林景色，别具诗情画意，达到身居闹市而有山林情趣之感。

所以，传统造园兼备着生活——实用功能的要求，精神——自然环境的艺术享受，这两方面的功能意义，缺一不可。若单纯地满足实用功能的需要，住宅建筑的生活设施已能满足要求，而住宅不等于园林。若园林单纯地追求自然景色，满足精神欲望，将人的物质享受抛弃，则成为艺术欣赏品，没有实用价值，不能为人们所利用，也不能达到造园的目的，因而两者不可偏废。

精神需要之所以提到"功能"的要求上来，那就是同实用功能一样必须要解决的另一个问题，也正是体现了造园的特点。精神上的需求最实际的问题是造园艺术的问题，杂乱无章的自然环境，不能达到艺术享受的目的；没有意境的景观，不能获得强烈的艺术感受。

我国社会主义新园林有着无限的生命力，开辟了崭新的局面，有着丰富的活动内容，如休息、儿童游戏、水上活动、展览、饮食、集会、科普等。同时还可以欣赏四时变化的风景，树木花草的美，园林建筑及小品点缀以及文化古迹等。但在进行园林规划创作中，须根据地形条件及其与城市的关系，布置服务设施、功能、规划道路系统，以实用功能为依据，然后因地制宜地形成各种不同意境的景区。从造园来说，满足实用功能的要求容易，利用自然环境和创造意境困难。但是评价一个园林，如能做到"园以景胜，景因园异"[①]，达到耐看耐游、寻味品觉、蕴有余味，才是上品。所以往往园林艺术水平的高低，直接影响到对园林的评价。

社会主义新园林的创作，在满足实用与艺术需要的同时，兼备我国的民族特色。对于我国古代的传统园林和国外的园林，要掌握造园原理和方法，赋予新的意境，要深入地全面认识传统园林特征，只有全面认识了解事物，才能做到全局在胸、胸有成竹、造化在手、挥洒自若，才能创造出符合亿万人民共享其乐的新园林。

二、造景

我国造园中造景的传统特点是：对于自然山水的风景园林来说，用直观的真山真水来突出自然的意境。如装饰风景，加以建筑点缀；或做风景剪裁，控制风景。"俗则屏之，嘉则收之"。或开辟游览路线，组织游览顺序。对自然植物开辟视野，或加以

---

① 见陈从周教授《说园》一文。同意他"园以景胜，景因园异"的观点。

整理等。加上名人的题咏和刻石，对每一名胜的丰富美丽的传说故事加以记载，使它从原有的优越自然条件里创造出美来，既不听任其处于粗糙的原始状态，也不做过分的人工雕琢。正如柳宗元所说："美不自美，得人而彰"，才使自然风景更加完美。

自然风景并不都是美好的，怎样才合乎美的条件呢？

合乎美的条件，必须在构图上符合美学规律，如主次、层次、均衡、对比、韵律、变化、色彩等。凡是符合美学规律的风景，一般来说才是美的。

对于城市平地园林的造景来说，我国古典园林在创作上，常以山水、植物的配合作为园林的基本结构，表现出利用自然和效法自然、人工再现自然的特点，力求不落人工斧凿的痕迹，而达到"虽由人作，宛自天开"的效果。从园林艺术来谈，可以说它是一种以人工手法描绘自然空间的艺术，是自然风景的艺术再现。抓住了山水的典型特点，用抒情写意的手法，可以用不大的假山和有限的水面，表现雄浑幽邃的自然风光。再借诗文艺术的感染，增强园林景象空间的艺术感受。它的特点是：不在于山石的绝对尺度和大小，而是在于所创造的景象给人的艺术感受的真实性。在布局上使建筑和环境有机地结合，尽量自然成趣，随高就低，蜿蜒曲折，不拘一格，同时如使建筑与周围的山、水、池、石、植物等景物互相融洽地成为一个整体，这就是人工创造自然的空间艺术。

我国传统造园在长期的实践过程中，积累了一套叠山理水的经验，同时在建筑和植物的配合下，形成了我国造园艺术的民族特色，它的设计指导思想就是"人工再现自然"的原则。在我国新园林的创作中，有很多具有我国造园艺术特色的景象，但也出现了一些生硬的园林景象，如山成馒形、叠石"排排座"、池岸和道路成几何曲线、公路林荫道在园林中贯穿、种树等行距、花架单独立、湖中搞喷泉等，追究其原因，就是对于我国造园思想和原理的理解不深所致。

三、因地制宜

造园规划创作，应以客观存在的环境为依据，考虑利用地形地貌，以取得事半功倍的成效。我国明代造园家计成精辟地提出造园要"因地制宜""高阜可培，低方宜挖"、短处通桥、"入奥疏源，就低凿水"，以减少土方量，这是经济合理的做法。这一设计原则，今天仍然在遵循。但客观存在的地貌环境并不一定都能成为理想的造园对象，所以因地制宜，不等于不能改变地貌。我国传统园林的造园中，常以挖池与堆山并举，也是取得土方平衡的经济办法。其他如建筑随地势营建，以减少土方，同时使建筑参差错落，自然变化。当建筑与树木、山石发生矛盾时，建筑设计常利用这些因素，使之成为建筑的组成部分，既丰富了园林景象，又活跃了建筑形式。因此，保留较好的成年观赏植物，以及一水一石都是造园创作中值得注意的因素。

总之，因地制宜、力求节约是造园时必须遵循的一个基本原则，造园的经济因素是和社会经济条件和物质基础相适应的。建筑、山石、植物和造景，不能脱离现实社会经济条件而任意提高园林建设标准，否则即便是理想的规划，也不易实现。

第二节　园林风景

一、意境

人们常常提到的风景的"景"，是客观的环境反映到主观的感觉，凡是局部或整体的环境引发感受的事物，都谓之"景"。景，是造园的基本单位。我国园林风景的创造，主要的问题是意境。园林规划就像画家创作一样，首先要立"意"，意在笔先。要做到在造景之前好像已经见到了所要创作的景物，并且要予以充分的表达。通常所说的意境就是情景的结合，如将意境的"意"视为创作者的思想感情，将意境的"境"视为对客观事物的描绘，那么，意境就是客观事物和创作者思想感情的统一。

园林中的意境，与山水画家所注重的"意境"在理解上并没有原则性的不同。绘画意境是在画面上表达，而造园是创造若干个连续不断的空间，依靠造园技术、造园材料所造出的景致。有人把造园比喻为立体的画，依借立体空间的景象来表达创作者的思想感情，其所表达的景象实质上是对人的感受，如西湖十景、承德避暑山庄七十二景和圆明园四十景等①。当人们身处园林中，便会在眼前呈现出幽静的山林情趣，或峰峦岛屿、眉黛遥岭，或临水绝壁、飞瀑山涧的境界；或清空寥旷、烟波浩渺、山媚可餐之秀色，或淡泊池荷之香馆，或金碧辉煌、绚丽灿烂之楼宇庭轩；或山重水复疑无路，柳暗花明又一村等，使人心旷神怡，耐人寻味。它们无不是通过对自然景物的描绘，得到的不同感受。

但是在园林中即使有一些空间景象没有给以直接的描绘，却能使人产生间接的联想，也能体会意境。如颐和园的知春亭，是昆明湖东岸的重要风景点，其取名"知春"虽然从景象上看不出特色，但经过点题，使人联想起苏轼的诗："竹外桃花三两枝，春江水暖鸭先知"，那种早春带来的冰凌融溶，而后春意盎然的联想。又如园林中的舫阁（又名旱船），是一座建筑物。从造型上看仿若船舫，好像从远方载客徐徐驶来，停靠在清澈的湖边，参加园主人的请宴……通过对建筑的造意，给人以联想。但是园林空间的组成，并不一定都是特定的意境，如各景区之间的过渡空间，有些山石、绿化、一株树、一丛竹的局部处理，很难说出有什么意境，但是作为园景的组成部分，也是园景的基本单位，这就是"得景随形"。可见景有大小，大的成景区，小的成组石，只要处置得当，就能融为一体。

意境的追求和感受是有阶级性的②，不同的阶级，寄寓不同的情趣。不同的阶级，欣赏同一意境，会有不同的感受。帝王封建统治阶级的园林，追求富丽堂皇，雕饰华丽，有"剑阁天下雄"的气概，以达到追求奢侈享乐、统治人民的目的。封建官僚地主和士大夫阶级玄谈玩世，寄情山水，以隐逸高尚、风雅自居，他们追求奇峰怪石，风花雪月，沉溺于悠闲雅逸的意境中，虚度年华。古代富商大肆兴建园林，他们的造园思想是一味追求豪华，楼前复道、雕梁画栋、花饰繁琐、堆砌巨峰名石，使园林成为交际场所，以炫富有。中华人民共和国成立后，无产阶级掌握了政权，园林成为劳动人民的活动场所，他们对于园林的情趣品位有所不同，

---

① 圆明园四十景：

正大光明、勤政亲贤、九洲清宴、镂月开云、天然图画、碧桐书院、慈云普护、上下天光、杏花春馆、坦坦荡荡、茹古涵今、长春仙馆、万方安和、武陵春色、汇芳书院、日天琳宇、澹泊安静、多稼如云、濂溪乐处、鱼跃鸢飞、西峰秀色、四宜书屋、平湖秋月、蓬岛瑶台、接秀山房、夹镜鸣琴、廓然大公、洞天深处、曲院风荷、坐石临流、北远山村、映水兰香、水木明瑟、鸿慈永祜、月地云居、山高水长、澡身浴德、别有洞天、涵虚朗鉴、方壶胜境。

在圆明园四十景以外，续增的八景也很著名，其八景为：藻园、文源阁、菱荷香、舍卫城、三潭印月、紫碧山房、断桥残雪、观澜堂。

② 1956年8月24日，毛泽东同志在《同音乐工作者的谈话》中提到："地主阶级也有文化，那是古老文化，不是近代文化。"

不论是自然风景园林，还是城市园林，造园意境呈现出一派繁荣兴旺、生机勃勃的景象。真是锦绣湖山，气象万千。亭台楼宇，明快大方。茂林修竹，繁花似锦。莺歌燕舞，潺潺流水。新生活、新气象使人感到趣味浓郁，诗意盎然，由此创造出了很多耐人寻味的艺术意境，这是历代先人无法比拟的。

与此同时，历史上皇家园林和私家园林的艺术文化也是一份宝贵的遗产，它虽然是受造园主的造园思想所支配，但都是劳动人民创造的艺术财富，是我国历代文人画家和劳动人民智慧的结晶，赋予了深厚的民族艺术情感。园林中的建筑、山水、花木，通过劳动人民改造和美化自然所成，在历史的长河中逐渐积淀了有山水画意境的造园艺术传统。劳动人民对祖国山河和自然风景的认识和热爱的程度，比历代任何统治者都要深刻。

二、园林风景构成要素

造园就是造景观，景观是由建筑、植物、山石、水四个要素构成的，由于有四个要素相互的配合，才形成千变万化的风景。没有建筑的园林，很难满足实用。没有植物，不能称之为园林。有植物才使用园林有四季景色的变化，空气才能新鲜。有了建筑和植物，没有山石、水的配合，园林的景色不会丰富。山无水不活，景无树不华，有建筑就能安身。

三、构图

园林风景要获得较好的艺术效果，必须要注意布局上的空间构图。中国园林中的建筑讲究一个为主、两个为副，形成对称三角构图，布局十分严格（图 2-1 ~图 2-4）。

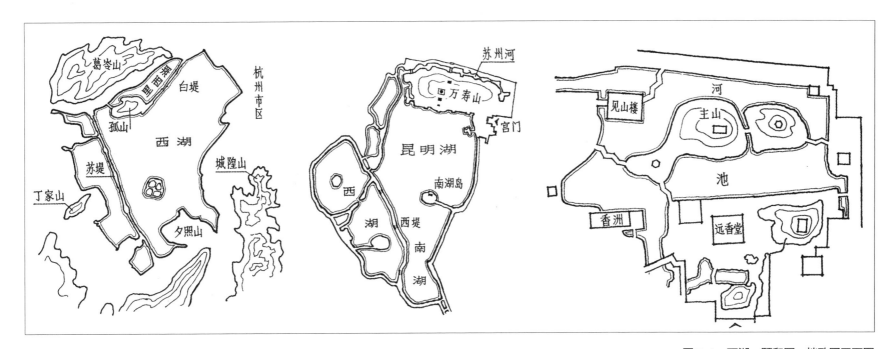

图 2-1　西湖、颐和园、拙政园平面图

◎ 颐和园平面图是以西湖为蓝本设计的。苏州拙政园和留园是私家园林中的两座经典园林之作，后来很多园林都是以它们为蓝本，仿造其模式营建。

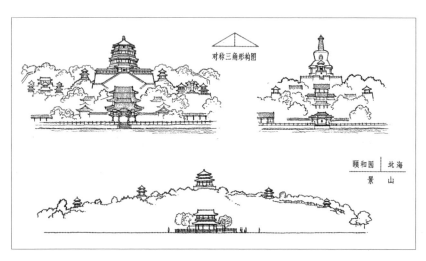

图 2-2 颐和园、北海、景山构图

◎ 中国园林中的颐和园、北海、景山的主景建筑讲究以一个为主、两个为副形成对称三角构图，布局十分严格。

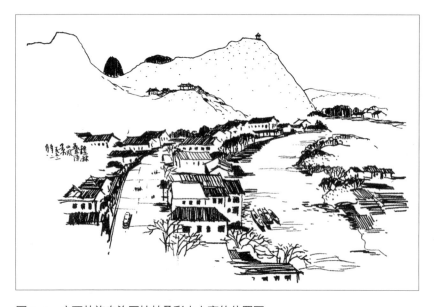

图 2-4 广西壮族自治区桂林叠彩山上亭的位置图

第一，经营位置。

我国造园对于叠山理水的处理，在布局上山水的关系是重山复水，山水环抱。山要有脉，水要有源。使山和水关系交融呈现，获得山清水秀、峰峦叠嶂的艺术效果。如杭州的西湖、北京的颐和园、苏州的拙政园等的山水布局都是如此（图 2-1）。

建筑物在山上的布置，一般说来多采用依山面水或点缀山景，其构图形式有对称和不对称两种。如北京颐和园的万寿山、北海公园的琼华岛和景山公园的建筑布置（图 2-2）构图都是对称为主，显得庄重。另一种情况，建筑设在山巅，往往突出地加强山的动势，点缀山形的构图，取得良好的视觉效果。我国传统的审美习惯，其位置往往略后于山巅。塔不放在山的正中心，一般都放在山的一侧，达到平衡的模式。如北京静明园玉泉山宝塔、延安宝塔山、镇江金山寺塔及桂林一些著名的风景点，建筑点缀在山上的构图（图 2-3、图 2-4）。园林风景的经营布局，是构成园景骨架的重要因素，叠山理水、山水交融、山和建筑的相互关系及经营位置的得宜，直接影响到造园艺术的景象问题。

第二，主从关系。

在园林的整体布局中，要有一个主体空间，布置主景成为主要空间景象，相应地也要辅以若干个中小空间相互对比，致使主题突出，成为视觉的中心。在同一个景象空间里，风景的构图必须主景突出，衬景辅助。"主山始尊，客山拱优"。使整体与局部主次分明，远近呼应，配合恰当。建筑物的设置也是一样，一般常以主要建筑物布置在主要园景的正面，隔水对山而立，处于收纳园景最好的位置，环绕山水主景，还要布置一些亭、船舫、月台等陪衬的小建筑，使主体建筑更为突出。但当建筑与其他园林要素组合时，建筑的体量大小、造型，必须从景象空间的整体考虑，否则有山不见其高，有池不显其大，陷于缺失重心的状态。

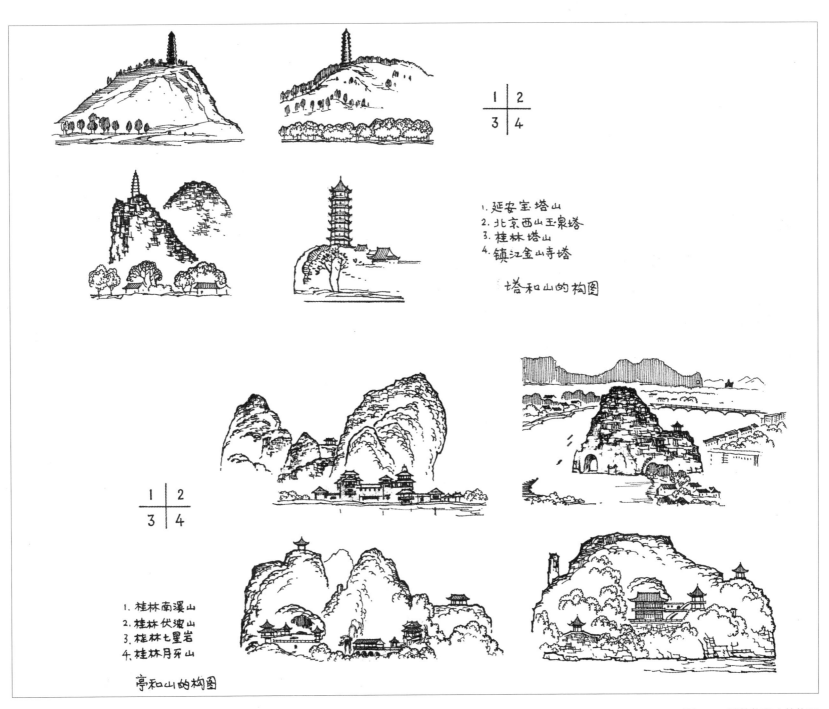

图 2-3 建筑物和山的构图

◎ 中国的塔一般不放在山的正中，而放在山的一侧，达到平衡的模式。

苏州拙政园中部的远香堂（图2-5），北景区为全园的主景区，远香堂为建筑群的主体建筑。在同一个景象空间内，获得了小中见大的设计效果；相反，拙政园的西部卅六鸳鸯馆，由于体型、体量较大，与山池不相称，所以形成山不见高，池不显大，得不到预期的设计效果。因此在园林创作中，要考虑到各个部分之间的比例和主从关系，主从有别、互相衬托、融为一体，才能形成完整的空间结构。

第三，统一与变化的规律。

韩愈曾经有两句诗咏桂林山水："江作青罗带，山如碧玉簪"。韩愈用各种奇突的山峰比喻碧玉，而用蜿蜒的江水比作罗带来贯穿美丽的山峰和景物，这是说明风景的统一与变化的最佳例证。颐和园万寿山分散地布置了几组建筑群，鉴于分散零乱的景物，大胆地建造了一道273间，总长度为728米的长廊将景物贯穿起来，这种用长廊来统一复杂的景物的例子是我国处理山水交接、建筑群体构图完整的成功经验。其他如谐趣园中的亭廊处理，在起承转合处，都设置各种不同形式的亭子和殿阁，用统一的廊子串联起来（图2-6）。颐和园昆明湖的西堤和西湖的苏堤，在长达数千公尺的堤上布置着形式不同的各式亭桥。这种同中求异，异中间同，统一中求变化，变化中求统一的例子，在我国造园中是屡见不鲜的。统一与变化，力求得到完美的结合，使园林的景象是丰富的，不是单调的；是有组织、有规律的，而不是杂乱的，在进行园林规划设计中要注意对于这一规律的应用。

第四，层次。

绘画和造园，在表现空间感上同样有个层次的问题。在布局上构图要获得深远的效果，一般说来要注意"三景"，即近景、中景和远景。单有远景的画面，而无中景阻隔空间，视野一览无余，也就看不出深远。有了中景的衬托，再加上近景的对比，景物就有了虚实感，这样的构图效果为层次。传统的苏州古典园林，以纵深的空间造成多层次的景致，一般都利用水的纵深，途中增设中景，如拙政园的小沧浪南望通过桥廊看荷花四面亭（图2-7），空透的桥廊就是中景，松风亭便是近景。再如梧竹幽居为观景点（图2-8），利用水的纵深，中间设荷风四面亭，纵深处见西部别有洞天和宜两亭，直至远景借寺塔为视野的归宿。从理论上讲，中景可以有一道，也可以有两道阻隔，而后才是远景。不过布置这样的景色一般视野旷阔的环境中才有效，这是我国传统造园在组织主体空间的景物结构时，或带有主要观景点的景区时，需注意考虑的问题（图2-9）。

第五，立体构图。

我国传统造园艺术，有人比喻为"立体的雕刻"，意思是说，园林是由一个玲珑剔透的三度空间所组成。何谓三度空间？从数学的概念是 X、Y、Z 三轴线的组成（即上下、左右、前后）。从园林的空间来说为高点俯视、中点平视、低点仰视，简称三观。三观在景象空间中，起到重要的构图作用，是获得加强空间感的有效手法，这种方法是我国造园家处理空间的一种天才的创造。因山设亭借景，俯视全园风貌，园角常建楼阁，称为"兜角"（图2-10），以借园内外景色。高点能高瞻远瞩；中点平视观看景物的敞、聚、层次的深邃；低点能濒水仰视，如旱船、水边的亭子、桥梁、水矶等，常力争低于地面，凌波水上，由于视点降低，使不高的假山显得峻拔。总之，在垂直方向有高低，在水平方面要左右舒展、前后错落，这是达到空间变化、景观俯视百变的良好途径。

第六，比例与尺度。

园林中每个景区的大小和园林要素的比例尺度关系，在预期得到完整的空间效果，这是造园中很主要的一个问题。园林中各

图2-5 苏州拙政园从山上看远香堂立面

◎ 厅堂命名远香取荷香为意境。拙政园的主山是挖池堆山形成的，周围用假山石围护，主山两个山峰之间用石桥连系，西侧又做一个峰，主山和客山形了脉络，每个山巅都设一亭，并配合山的形状而建筑亭的造型。山上树木参天，夏日林荫浓郁。

图2-6 谐趣园亭廊处理园景图

图 2-7　苏州拙政园从小沧浪透过廊桥看荷风四面亭

图 2-9　苏州拙政园和扬州个园中部景观

上：苏州拙政园中部景观，苏州人工建造山水园的成功案例。

下：扬州个园中部景观，扬州人工建造的以建筑为主景的山水园，有著名的四季假山。

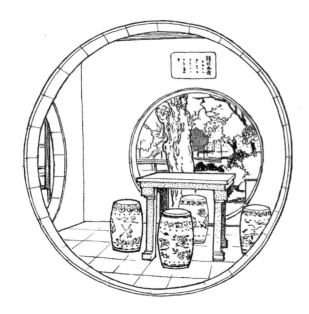

图 2-8　苏州拙政园梧竹悠居亭图

◎　拙政园梧竹幽居亭四面圆洞门和室内陈设，石桌和瓷鼓简洁雅致（临摹某书封面图片）。

要素的比例和尺度，在同一空间是服从统一的意境的，互相得到合宜的比例。一定尺度的空间，设置相应比例的建筑、道路、桥梁，颐和园万寿山有四层八角的佛香阁和排云殿，组成建筑群，才把为封建帝王服务的园林性格表现出来，完全控制了整个园子。颐和园前山的长廊和谐趣园的曲廊，显然由于空间尺度的大小不同，其比例也各相适应。北海公园的濠濮涧，在四面回山环抱之中，房屋都是缩小了尺度的。特别是咫尺山林，建筑体量一般都不大，大都破整为零，高低错落；假山上的亭子，按山的大小比例而建，以点缀山景为主；桥梁都不长，长必曲折，都是为了适应咫尺山林的空间尺度，要求彼此相应的比例。

园林的观景点和景物之间要有适当的视距才能获得良好的视觉效果，观景台到主景的最佳距离为 35 米。如江南的自然山水园中厅堂和假山之间的距离，苏州的拙政园、留园、上海的豫园主景的视距在 31～40 米（水平距离）；大一些的如南京的瞻园，视距不过 60 米，山景已感觉平远了；庭院中的峰石山，一般高度都在 10 余米；假山的高度一般都在 4～6 米，加上亭子的高度大约 9～10 米，或加上一般观赏植物的高度 10～15 米，视高达 20 米左右；人观赏山林景物的竖向视角，大约在 25°～30°，水平视角大约在 60°～70°。按此方法布景，其视高和景面的开阔情况都是在比较适宜的视角范围内（图 2-10、图 2-11）。

从视距和视高的数字可以看出尺度是得体的，这尺度对于山石的质感、花木的姿态、亭子的造型，都能清楚地目及。通过对苏州古典园林主体空间的尺度分析，人工再现自然的山水，在有限的空间中获得了富有山林情趣的景色，达到了小中见大的艺术效果。这一成熟的尺度概念，对于今后的园林和庭院设计，可以有所启发和借鉴。

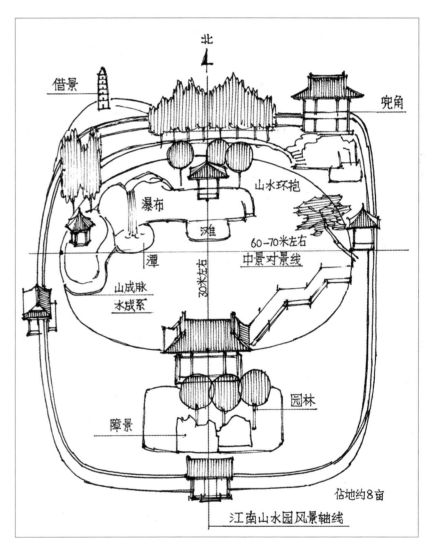

图 2-10 江南人工山水园典型布局分析图

第三节 传统园林的空间结构

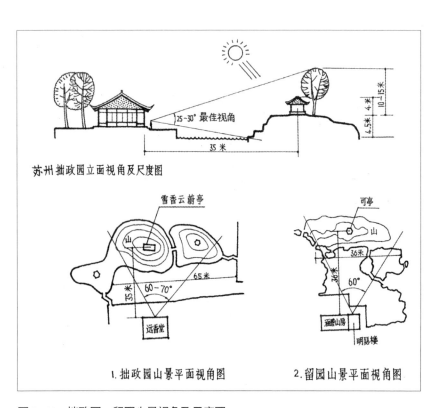

苏州拙政园立面视角及尺度图

1.拙政园山景平面视角图

2.留园山景平面视角图

图2-11 拙政园、留园山景视角及尺度图

一、类型

园林景象千变万化，空间关系错综复杂，归纳起来大致为两种空间类型：一种为景象空间；另一种为穿行空间。所谓景象空间，是在一定的视野范围内，天然或人工所形成的景观，称为景象空间，简称"景区"。景象空间有开敞性空间和封闭性空间两种形式，当然也可以有半封闭或半敞开的（图2-12）。所谓穿行空间，是指穿过一个特定的空间环境，或称为"流动空间"。穿行空间有两种情况：一种是路径空间；另一种是林荫空间，即在林中穿过。

这两种空间类型的特点：景象空间一般以静观为主，穿行空间以动观为主。静观为主的景物，简洁明了，一撇而过；动观为主的景物，新鲜灵活，耐人寻味。两种空间的形成，其手法一般都以建筑、植物、山石、水四个园林要素组成。如景区封闭的方法可以用建筑（如半廊、墙等）、植物（如珊瑚树、乔灌木配合等）、山石（如假山屏风等）来形成。路径空间也可以用建筑（如长廊、竹架等）、植物（如竹林、花径、观赏乔木等）、山石（如假山或土山等）来形成，但所得到的空间景象和效果是完全不同的。开敞性空间的景象使人感到心胸开朗，封闭性空间的景象使人感到亲切，曲折的绿化空间使人感到幽深，树木中穿行使人感到清新……观赏了景象空间，再进入穿行空间，由宽阔的景区突然转变到狭窄的空间；或者反之，空间感觉对比强烈，都会使人感觉突然。如苏州留园入口，开始在游廊内穿行，直到"绿荫"后才看到中部的山水园（景象空间），景象豁然开朗，空间顿觉新鲜（图2-13）。

桂林的盆景园应用了这个原理，开始在墙体所组成的空间内穿行，经过一个略大的水景，再经一段曲折穿行的空间后才到达开阔的水榭景区，即景象空间，然后又经过一段曲折的竹径，再到达宽广的草坪（图2-13），景象和穿行两种空间交替变化，空

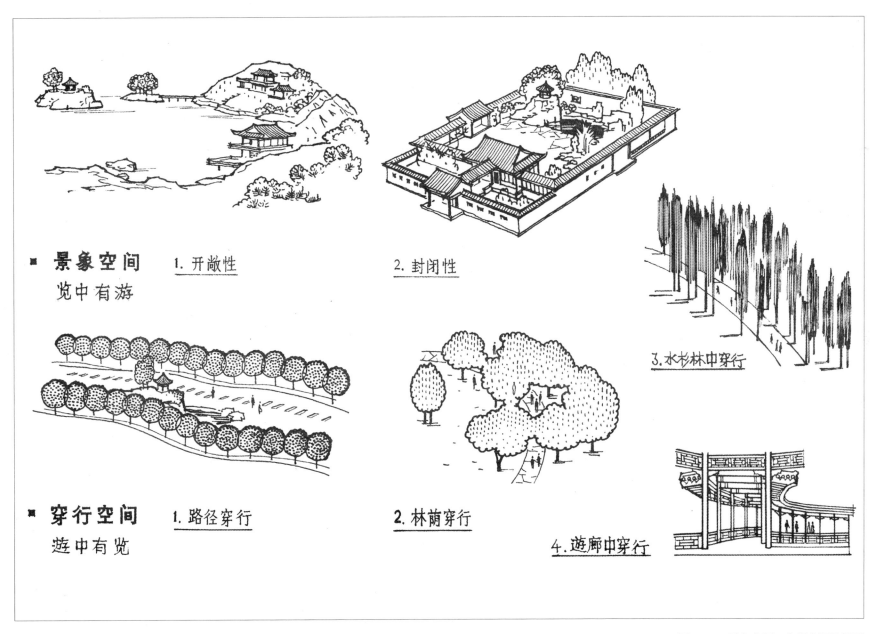

■ **景象空间**
览中有游

1. 开敞性

2. 封闭性

3. 水杉林中穿行

■ **穿行空间**
遊中有览

1. 路径穿行

2. 林荫穿行

4. 遊廊中穿行

图 2-12 景象空间、穿行空间分析图

◎ 在中国造园理念中，景象空间要追求览中有游，而穿行空间则要追求游中有览，曲曲折折，步移景异。与国外不同，中国园林首先会用围墙或者走廊把园林围起来，不会让人一眼看穿所有景色。先有一个曲折的穿行空间，经过穿行空间才能看到主景，做到先抑后扬。

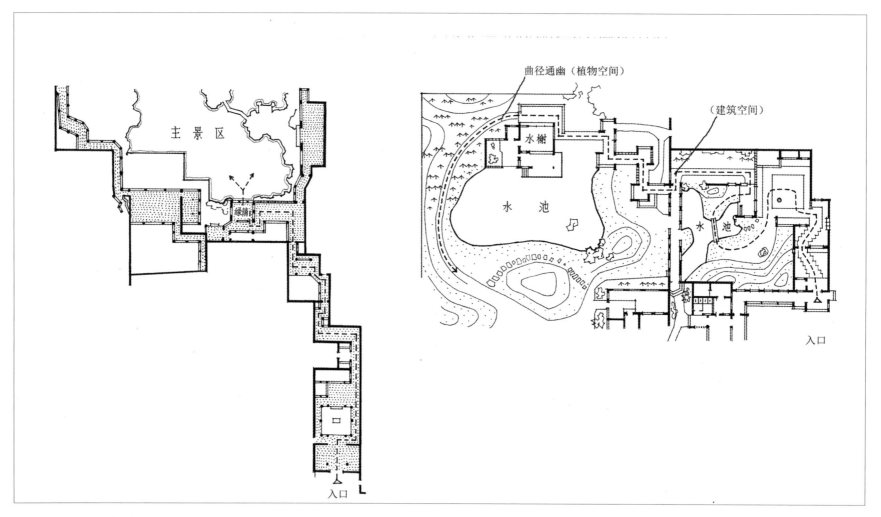

图 2-13　穿行空间实例

左：苏州留园平面图。苏州留园的入口区，在中国古典园林中具有一定的代表性，中国园林不是一进门就能看到主景区，而是进门后要经过一段穿行空间，通过游廊，经过无数个天井，每一个天井内点缀植物或各种园林小品，一路观赏一路行走，直到眼前疑似无路可走的时候，辗转看到主景区，让人豁然开朗。以此展示中国园林含蓄的造园思想，用先抑后扬的空间对比来完成园景的创作，这就是中国园林的魅力所在。

右：广西壮族自治区桂林七星公园内尚廊先生设计的盆景园平面图。盆景园进门后展示在眼前的是各式各样的园林小品景观，然后通过游览路线，一路继续布置若干园林单细胞景观。空间组织有大有小，景观各式各样，使人感觉到园林小品景观的无穷美感。再进入一段穿行空间后才达到水榭主景区。盆景园面积不大，却是浓缩的园林景观，是中国传统园林的继承和再创造范例。

间感觉变化莫测。如能在设计中明确利用这些概念，空间将达到预想的设计效果。

这两种空间类型又可归纳为"游"和"览"二字，在同一空间内游和览同时存在。景象空间以览为主，通过游才能感受景象的全貌；单一的穿行空间，没有景象的变化，游久便会感到枯燥乏味。留园入园后的游廊虽然是在两侧狭窄的墙廊内穿行，但是游廊的曲折处留出了若干个大小不等的天井，栽植芭蕉一丛，修竹几竿，立见生动。桂林盆景园的入口在墙体内穿行时配合了盆景，穿插了许多山石小品，左顾右盼，景物变化无穷，体会步移景异。颐和园长廊中画满了各式彩画，才使长廊内游兴倍增。这就是游中有览。相反，某园林入口后，先经过一段用石块排立的坑道，再使景区突然开阔，用石块排立的穿行空间由于没有景观的变化，身置其中体验效果不佳。

苏州古典园林的景象空间互相比邻，大、中、小空间互相串联，缩短了过渡空间的距离，或一墙之隔，或一廊之隔，或一山之隔，进入另一境界，这样就能达到"园以景胜"的良好效果。

以自然风景区为例，若将风景点比喻为景象空间，风景点之间的过渡空间比喻为穿行空间，风景点多，穿行空间的距离短，对景物的感受就丰富。著名的圆明园就是因为它包含着大约一百二十多个大大小小不同的景象空间所形成的园中园，通过穿行空间，贯穿着各个景区所获得的空间变化，所以被西方人誉为"万园之园"。园林若做到以景象空间为主，穿行空间为辅，空间交替变换，做到览中有游，游中有览，游览结合，则园景定能丰富多彩；反之如空间概念模糊，园景营造就会失败。

二、分区

园林空间划分的目的，是为了满足生活上的实用功能要求和观赏的艺术要求：一方面建造房屋；另一方面根据自然条件构成若干个景区，在有限的空间内化整为零，使每个区都有不同的用途，也有独特的性格，具有不同的意境，以获得富于变化的自然风景。使游人每到一处都有新鲜的感受，留下深刻的印象。从形式上说，园林景区要大、中、小相结合，全园要有一个空间较大的主景区，成为全园的中心。相辅以若干个中小景区。园林中的空间，大小是相对的，无大便无小，有小才显大，以空间的对比起作用。还以苏州留园入口为例，穿过一系列串联在一起的小空间，直到"绿荫"，方可看到园林景色，顿觉开朗。由此，小空间到大空间，使人感觉开朗，由于前者的衬托，则显得后者更为阔大，这就是所谓欲扬先抑。相反，大空间到小空间，使人感觉深邃、幽静。通过空间的对比或渗透，所获得的"大"是小中见大，其实非真大，故大而不旷。大空间以布景为主，中、小空间以点景为主，大空间布景有回旋余地，使之大而不空；小空间点景，使之精而不挤。

园林空间要分隔，越分隔才感到越大、越有变化，不仅扩大了空间感，也增加了游览程序；相反，空间不加分隔，园景一览无余，一目了然，不耐人寻味，或者遍植树木，统统形成穿行空间，景致平淡，也不能达到空间分隔的目的。园林空间的分隔，不是以道路来划分的，而是根据功能的需要、环境的性质、园林要素的组合而形成不同的空间意境，由过渡空间汇成整体（图2-14）。若以道路划分空间，两旁种上行道树，景区界限容易紊乱。总之，园林必须划分空间，造成"集锦式"的园景，以不同意趣的景观取胜，园林皆入妙品。

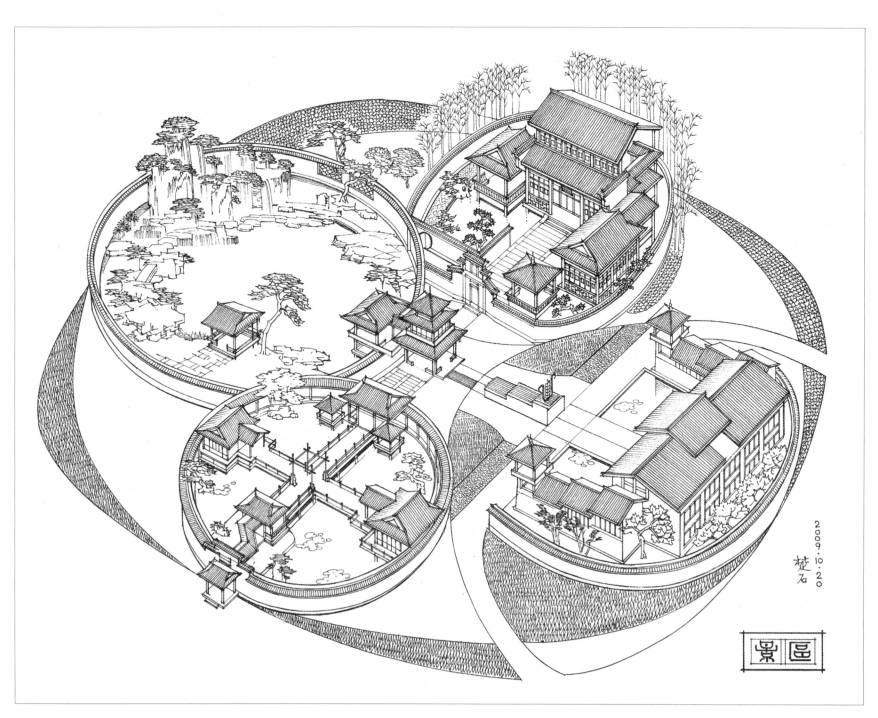

图 2-14 景区图

三、联系

两个景区之间的联系，称为过渡空间，如上海豫园仰山堂一区主体空间，到万花楼一区，所经过的"会心不远"和复廊，就是过渡空间。鱼乐榭、河水和墙头景致，成为过渡空间的室外环境（图2-15、图2-16）。

空间的联系不外乎视线上的联系和路线上的联系。视线上的联系解决两个比邻空间内的景物，彼此渗透，相互因借，从而造成景外有景的生动、活泼的局面。路线上的联系是指当两个景区之间有一定距离时，过渡空间往往被穿行空间所代替。前者常见于面积不大的苏州私家园林中，后者往往见于自然风景园林，或者各风景点之间距离较大的情况。相邻的两个景区相互渗透的手法，往往通过空透的门窗，用立峰或花木构成对景，或透过门窗洞，透过空廊或常绿树组成框景（图2-17）。

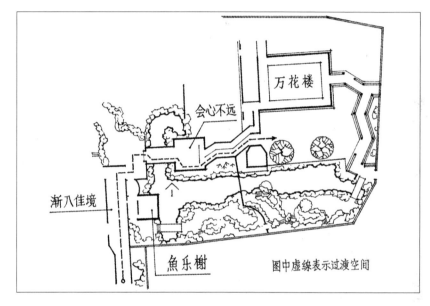

图2-15 上海豫园鱼乐榭、万花楼景区平面图

图2-17 杭州黄龙洞花墙门洞图

图2-16 上海豫园鱼乐榭、万花楼景区鸟瞰图

清初的造园家李笠翁称之为"无心画"。用意是将门窗作为"画框"，透过门窗的景物，就像在墙面挂了一幅山石小品画（图2-18）。当两个景区的距离较大时，过渡空间常用植物来处理联系，有时安插路亭、关楼、牌坊等，有时同水池、山涧溪流结合起来，其手法也是很多的。

四、组织

园林的空间组织，就像音乐的乐章一样，有序曲、有韵律、有高潮、有低潮、有重抒情、有重叙理、有重意境，丝丝入扣人心……园林中大、中、小空间的位置疏密相间，构成有节奏的变化。园林的空间效果必须通过观赏路线的设计，把划分了的空间组织起来，使游人在各路线上看到的风景，像一幅长江万里画卷一样，连续地展示在人们的眼前。因此，园林的空间组织，是通过观赏路线，对风景的观赏程序起组织作用。

图2-18 南京瞻园后门入口框景图

园景是一层一层、一景一景有组织地逐步引人入胜。如江南私家园林，当进园门后通常建假山，或房屋阻隔园内视线，不使游人即刻看到主要风景，不致全园一览无余，而常常经过曲折的若干小空间，然后再进入较大的空间，这是较普遍的设计手法。再以空间大小、深浅的对比、曲折幽深与明朗开阔的渲染、静观与动观的配合，组织成有节奏、有对比的空间体系，使全园风景组成一个艺术整体；相反，如果风景处理得不好，将致使美好的园景陷于无组织的散漫状态，不能发挥应有的艺术效果。如果入园尚未游遍全园就游兴淡倦——乘兴而来、败兴而归，则说明空间布置和空间组织是失败的。

园景的布置要有起有伏、有断有续、忽隐忽现；有的忽忽而过，有的耐人寻味，闲心观赏；有的曲径通幽，有的豁然开朗。在连续景观上，每逢转折处，必须设景诱人，做到既分隔又联系，引人入胜，步移景异。

针对图2-12所示的景象空间、穿行空间（左上角为颐和园一景，右上角为网师园的殿春簃）进行分析。（1）开敞性空间：如颐和园，主景前面有开敞的空间。（2）封闭性空间：如网师园的殿春簃，四周用走廊或围墙围合。（3）穿行空间：一般分为路径穿行、林荫穿行、游廊穿行。

在中国造园理念中，景象空间要追求览中有游；而穿行空间则要追求游中有览，曲曲折折、步移景异。与国外不同，中国园林首先会用围墙或者走廊把园林围起来，不会让人一眼看完所有景色。它先有一个曲折的穿行空间，经过穿行空间才能看到主景，做到先抑后扬。经典案例如苏州留园、桂林七星公园内的盆景园（图2-13）。

在营造穿行空间时，要做到游中有览、曲曲折折、步移景异，则必须在穿行空间中设置单细胞景观。单细胞景观所占空间并不大，一般为3米宽、4米长左右。单细胞景观做得越多，园林的内容则越丰富，越美观。

　　造园时建筑物的四面都开有窗洞、门洞，四周都布置庭院，庭院当中布置单细胞景观，在一些死角或转弯处等凹的地方点一个景观，这样就能做到四面八方都是景，得到一个很好的效果。经典案例如苏州留园、沧浪亭等，详见后文解析。

（一）借景

　　借景是中国造园的传统手法之一，皇家园林和私家园林中都有借景的优秀例子。大到皇家的圆明园、颐和园、承德避暑山庄，小到私家咫尺园林，都有一定程度范围的借景手法。要突破园境的空间局限，园外有景妙在借。借景就是把园外的风景变成园内风景的组成部分。"园虽别内外，得景则无拘远近""晴峦耸秀，绀宇凌空""不分町疃，尽为烟景""隔院楼台，红杏出墙"，这是指借园外环境和风景，不论山水、田园、楼台、花色等都可纳入园景。无锡寄畅园借惠山为园景，效果深邃，层次丰富，其东南借锡山龙光塔，丰富了园内的风景（图 2-19）。留园远翠阁可远眺郊外著名的名胜虎丘（图 2-20）。

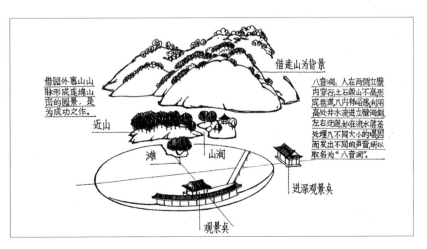

图 2-19　江苏无锡寄畅园景观分析图

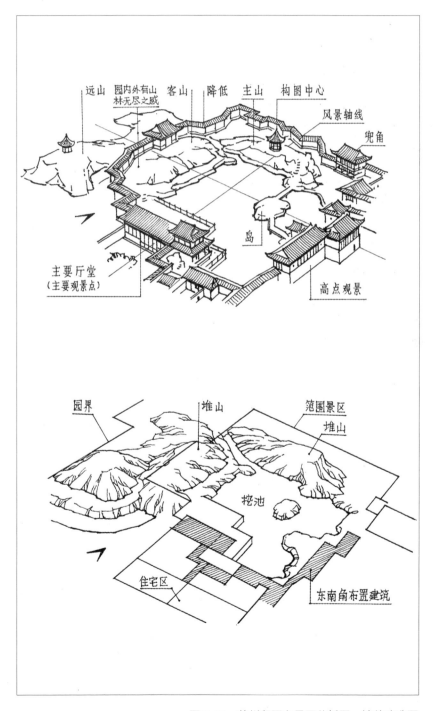

图 2-20　苏州留园主景区分析图、地貌改造图

当然，对于借景的剪裁也应该有所取舍，无景可借也不必勉强。陶渊明诗中的"采菊东篱下，悠然见南山"，南山就相当于园林中的借景。圆明园中的"西峰秀色"，就是借西山的风景。山东济南大明湖"一城山色半城湖"，千佛山就是大明湖的借景。唐代诗人王之涣登鹳雀楼，"欲穷千里目，更上一层楼"，沧浪亭的看山楼，意指想见远处的群峰，必须上看山楼。

借景有远借、邻借和镜借。颐和园借远景玉泉山，那亭亭玉立的宝塔，冈峦重叠的西山都成为颐和园西面风景的重要元素，人工与自然浑然一体（图2-21）。拙政园从梧竹幽居可以清楚地看到很远的北寺搭（图2-22、图2-23），同样不论从中部的见山楼或西部的倒影楼和宜两亭，都可以鸟瞰相邻的园景。苏州园林中借景最妙的是沧浪亭，沧浪亭园外是一条河，河南是城市街道，造园家没有摒弃水景和市街，相反却加以利用，建复廊，设亭子，把园外之水巧妙地邻借为园景的一部分（图2-24）。镜借，苏州园林中拙政园的得真亭和怡园的面壁亭，处景紧逼，于亭内墙面上悬挂一面大镜子，把对面的假山、花石、亭子都映入镜中，改变了环境的局促感，营造了景观中的幻觉，别有风趣地得到了视觉上的满足，成功地扩大了空间感。其他如北海借景山，扬州

图2-21　颐和园透视图

图 2-22 苏州拙政园内远借北寺塔景观图

图 2-24 苏州沧浪亭入口左侧茶厅借市区园外景色图

图 2-23 苏州北寺塔为拙政园的借景

图 2-25 扬州个园景观图

◎ 扬州个园秋假山上建亭，对内可观赏园内景色，对外可借赏园外风光。

个园借富春花园（图 2-25）等，都是成功的借景例子。通过对这些借景例子的介绍可见，"因借"即利用园外风景增添园内景色，扩大园林空间感，是我国传统造园中成功的经验。

（二）对景

对景在我国园林中运用广泛，所谓"对"，就是相对之意，是指两个彼此相对的景象，能够相互成景的构景方法。自然山水园中常将水面设在全园主要位置，平坦的水面构成一个较好的对视空间，环水的景致自然就形成彼此的对景，山、树、竹、石、

亭桥、楼阁、厅堂、廊榭等均可成为对景。

上海豫园入口走廊立石对景是造园者精心设计的一处园林景观（图 2-26）。一般的情况是将太湖石悬空而立，欣赏湖石之美，视线和视点感觉并不集中和显眼。豫园湖石位于入口走廊中非常重要的位置，且造园者在湖石的背后砌了一扇白墙，用木框框裱，意将湖石视为镜框中的一幅画，充分地展示其美感，还在两侧设置了美人靠，示意参观者坐下来静静地欣赏一番，这是造园者的初衷，亦可见对它的珍视程度。遗憾的是，后来由于豫园参观人数过多，这个原本用来招待少数宾客的私家园林，在面对人数众

图 2-26　上海豫园入口走廊立石对景图

图 2-27　江苏扬州何园入口太湖石对景图

多的公众参观需求时不堪重负而被拆除，后人再也欣赏不到了。

扬州何园入口处，造园者用太湖石为对景（图 2-27）。此湖石独立在入口转角处，说明造园者对平面构图有很高的美育素质。参观者先透过园洞看到与入口形成对景的湖石，产生了一种构图的联想，再加上建筑空间的错落层次，增加了艺术感，何园入口的湖石景观以此成为一个成功的对景范例。

艺圃芹庐门洞对景是苏州园林中的一种典型处理手法，也是常见的设计景观（图 2-28）。值得一提的是，虽然用太湖石作为园洞门的对景并无太多创意，但将小石板桥和洞门的联想处配置

了一株乔木，形成一种构图的形式感，虽然植物姿态与园洞门没有形成良好的构图，但这种设计形式和植物配置是值得参考借鉴的范例。

苏州狮子林海棠门对景图和上文提及的苏州艺圃园洞门对景的设计手法没有区别。但要说明的是，狮子林配置的一株广玉兰，其姿态与海棠门形成良好的构图，值得后人学习（图 2-29、图 2-30）。

还有许多对景关系，景致各异，妙趣无穷，如图 2-31～图 2-43 所示。

图 2-28 苏州艺圃芹庐门洞对景图

图 2-29 苏州狮子林海棠门对景图

图 2-30　苏州狮子林海棠门对湖石景观图

图 2-31　上海豫园门洞对景图

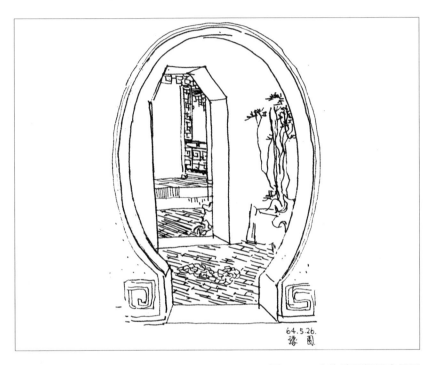

图 2-32　上海豫园门洞套景图

图 2-33　苏州艺圃浴鸥门洞和芹庐门洞套景图

图 2-34　苏州拙政园西园"与谁同坐轩"扇面亭内对景图

图 2-35　苏州留园廊内小天井景观图

图 2-36　苏州留园廊内小天井景观图

图 2-37　扬州怡大花园磨砖对缝大漏窗图

图 2-38　扬州逸园曲墙漏窗小景图

图 2-39 湛江市盆景园景观图

图 2-40　湛江市盆景园景观图

图 2-41　湛江市盆景园景观图

图 2-42　湛江市盆景园景观图

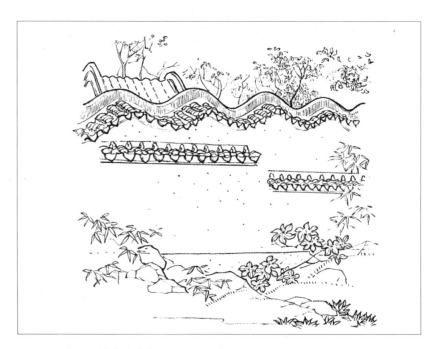

图 2-43　留园云墙穿墙滴水图

第四节　造园组景

一、主景空间

　　我国传统的造园，除自然风景区五岳、庐山、黄山、桂林等外，历史上的造园主要分为自然山水园和人工山水园两种形式。如杭州的西湖、南京的灵谷寺、苏州的虎丘、镇江的金山和北京的颐和园、承德避暑山庄等都属于自然山水园。江南的私家园林、北京的宅园府邸和南方的岭南庭院等都属于人工山水园。前者主要是对自然风景加以利用、加工改造或剪裁风景，或再现特定的意境等，将湖山面貌进行开发、组织景观和风景点，并且借江南的造园要素再现于皇家园林中，经过加工的自然风景，不再是自然的原始状态，而是精炼的甚至可以说高于自然的风景。后者的园林，其特点是出于人工经营的山水园，运用山、水、植物、建筑所构成的园林风景的基本要素，创造出变化无穷、千姿百态的园林风景，其范围虽只数亩，却有千岩万壑、碧波汪洋的气概，将自然界的一些景象予以概括、提炼，甚至夸张。这种由人工经营的山水园，已将"三度空间"的立体景象充分发挥，犹如"画中境"，身如"画中游"。人工建造的自然风景和大自然的风景是有距离的，但也是自然的、合乎自然规律的，是按照美的客观规律和设计意图而营建的。

　　在传统造园中，主体空间是全园的主景区，也是全园的中心。景观的性质大致可以分为山水园、水景园和以建筑为主景的山水园等。

（一）山水园

　　山水园的特点是以水面为视野，有广阔的景象空间，以山林情趣为观景对象，以山为主景，建亭、阁等建筑来加强主景形象，形成构图中心。一般在迎面设观景点，隔水相望。两侧建不同形体高低错落的亭、榭、围廊、船舫等，水边建平台、水矶。若水面较大，则建堤岸、架桥梁来分隔水面，造成深远的空间层次（图2-44）。这种布局方法为园林中常用，实例如下：

1. 杭州西湖

　　上有天堂，下有苏杭。杭州是一块富饶美丽的地方，杭州西湖以她美丽的秀色驰名中外。西湖是一座以水为主景的自然山水园，西湖之美为历代文人所称颂，"若把西湖比西子，浓妆淡抹总相宜"是对她最高境界的描述。

　　西湖（图2-45）最早是钱塘江的一个浅水湾，后来泥沙逐渐淤积，便成了内陆淡水湖泊。湖面面积约5.6平方公里，南北长3.3公里，东西宽2.8公里。西湖三面环山、一面临城，有孤山、宝石山、玉皇山。山虽不高而蜿蜒秀丽，近山葱茏、远山空蒙、层次丰富。湖虽不深而舒展，湖平似镜，水面漾溢，湖山相互依傍，风景婀娜多姿，恬静淡泊，环湖有著名的西湖十景——苏堤春晓、双峰插云、雷峰夕照、柳浪闻莺、曲院风荷、平湖秋月、断桥残雪、花港观鱼、三潭映月、南屏晚钟，四时不同的风景令人神往。在这些风景名胜中，有自然的洞、泉、溪、池、洞壑、峰岩，有古代建筑、摩崖石刻和文人诗画等历史文物，有繁花似锦、绿地成荫、林木茂密。

　　西湖的北面近处有孤山，孤山背后有宝石山，南面有夕照山，西南面都以远山为背景，东西临城市，为观赏西湖的重要景观面（图2-46）。这样的自然地貌，对于造园奠定了极好的基础。

　　自唐、宋和明代以来，数次挖湖筑堤，堆成白堤和苏堤，纵横贯穿湖面，有了这两条堤岸便将西湖的位置固定下来了。苏堤是北宋诗人苏东坡（苏轼）于宋元祐四年（1089年）在杭州做官任职时，领导人民治水而筑的堤坝，后人为纪念他而命名为苏堤。

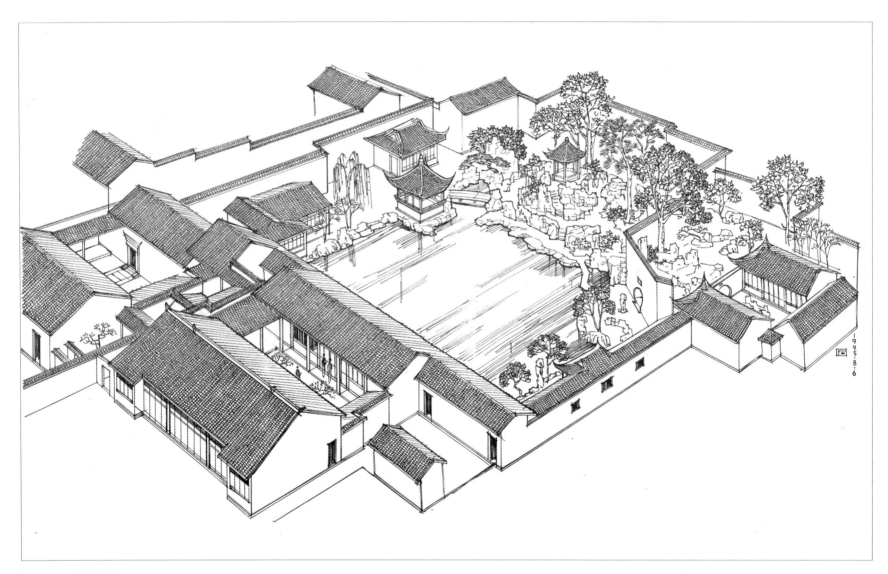

图 2-44 苏州艺圃

◎ 苏州艺圃是一座明代山水园，主景临水面是石假山，南向山坡为填土，西侧曲桥浮水，矶石滩地自然。主景正面山石嶙峋，盘道迂回，假山上有六角小亭。假山造型上乘，构图完整，周围树木茂盛，山林景观很有成效。艺圃临水建筑规模较大，水榭亭廊风格质朴，水域面宽，园景风貌良好，是一座经典园林之作。

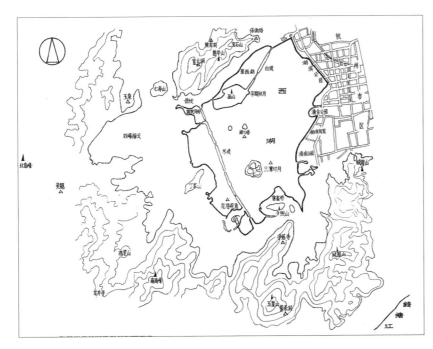

图 2-45 杭州西湖周围环境地形地貌平面图

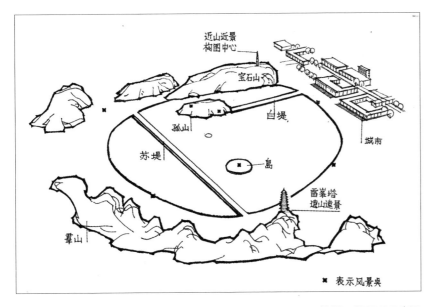

图 2-46 杭州西湖景观示意图

苏堤南起花港观鱼，北至曲院风荷，全程 2.8 公里，堤上建石桥六座，有"六桥烟柳"之称，并于堤上遍植花卉垂柳，成为有名的"苏堤春晓"景观。

白堤，古时唐代称为"白沙堤"，至今已有一千多年的历史。白堤是贯通孤山与城市之间的一条长堤，全长约 1 公里。白堤不是唐代李白经手所筑，而是后人为纪念白居易在杭州的功绩，将白沙堤改称为"白堤"。在堤的两侧配置一株杨柳一株桃，春季桃红柳绿，有"白堤桃柳"之盛誉。苏、白两堤把西湖划分成里湖、外湖和后湖三大部分，里湖幽静澄碧，外湖湖光潋滟，后湖荷风千里。两堤既解决了交通又增加了景观，使湖面层次丰富，风景深邃。外湖中有小瀛州、湖心亭和阮公墩三个绿洲，形成品字形，其中小瀛州面积最大，为人工堆筑，形成著名的"三潭印月"风景点。湖中设岛，丰富了湖面景色也增加了游览内容。

孤山位于湖中，近于苏、白二堤的相交处，它与葛岭山岗形成重山复水、山水依傍的局面，是湖中重要的风景面（图 2-47）。从二堤、湖面、岛、山构成了西湖自然山水园林的基本结构（图 2-48）。耸立在宝石山上的保俶塔（图 2-49），秀丽挺拔，形成了湖面风景的构图中心。历史上夕照山的雷峰塔[①]是西湖西南角的重要景观，以夕阳西下彩霞缭绕时的景色最为世人所赞颂，故名"雷峰西照"。它突破了东南一带漫长的林冠线，是造园结构中不可缺少的景物。

在沿西湖周围的万绿丛中，分布着许多有名的风景点。在这些风景点中，建筑厅、堂、楼、馆、轩、榭、亭、廊、桥、台与山水、花木有机地交织在一起，和谐地融于自然风景之中。建筑物往往是风景点中的主要景观，有的凌波水际，欣赏平湖似镜，水月秋波；有的依山面湖，高瞻远瞩；有的凌空展宇，鸟瞰全湖风貌，饱饮

① 雷峰塔于 1924 年 9 月 25 日 16 时倒塌。

图 2-47　杭州西湖全貌鸟瞰图

湖光山色。小至一桥一亭、大至一岭一山一湖都无不被历代文人所吟诗题咏，每个景点都充满着诗情画意，达到了郭熙所说的"可行、可望、可游、可居"的立体图画的境界。沿湖周围还蓄藏着许多公园绿地，大至花港观鱼、小至六公园，根据各个不同性质的公园特点和不同主题的风景点，配置了大量的植物，展示了不同的风貌，使风景更加切题。如苏堤的"六桥烟柳"，配置时注意突出了一个"柳"字；"苏堤春晓"配置春季花卉，突出一个"春"字；白堤配置了桃柳；柳浪闻莺配置的柳树和海棠；曲院风荷的荷花；花港观鱼的芍药牡丹、雪松草坪等，使西湖的环境沉浸在郁郁葱葱的万绿丛中，四季鲜花烂漫、景色迷人。

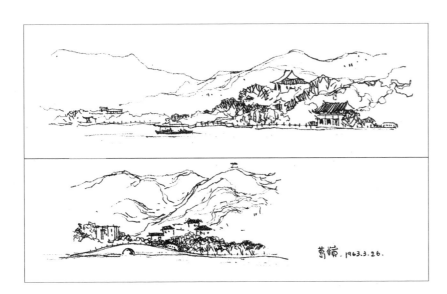

图 2-48 宝石山、葛岭图

图 2-49 保俶塔透视图

◎ 保俶塔是西湖中一个重要的视觉中心，它与雷峰塔一样在西湖的水域中起到重要景观作用。但是西湖的水面积很大，如果增加一个视觉中心可能会更好，符合画论所讲的三五成聚的构图理论。

西湖作为一个自然山水园。其布局的特点为：登葛岭鸟瞰全湖景色,赏秋水宜"平湖秋月"。环湖四周绿荫浓,孤山梅花暗香浮。近山妩媚远山翠。千顷碧波湖如镜,轻舟悠扬镜中行。西湖对于中国自然山水园的设计建造有着非常深远的影响,很多都以它作为造园的蓝本。但是从园景构造的观点分析,因为西湖水域面积广袤,如果在"平湖秋月"建造一座楼阁式景观建筑作为制高点,与保俶塔、雷锋塔形成一个三角构图的视觉中心,可能会对西湖景观起到锦上添花的作用。

清代乾隆皇帝兴建北京西北部三山五园,如清漪园(颐和园)就是以西湖为借鉴而建成的一座皇家园林(图2-50),颐和园平面图(图2-51)就是按照西湖为蓝本设计的。

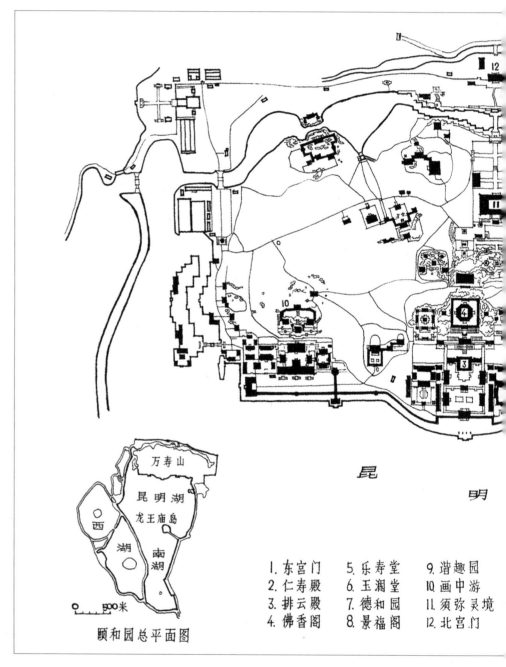

图2-51 北京颐和园局部平面图

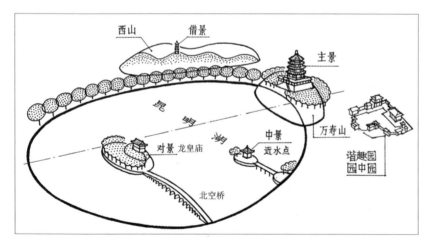

图2-50 颐和园景观分析图

◎ 颐和园是一座著名的皇家园林,有皇家气魄,宏伟壮观。从周易的观点解读,湖中的龙皇庙是阴中的阳眼,谐趣园是阳中的阴眼。

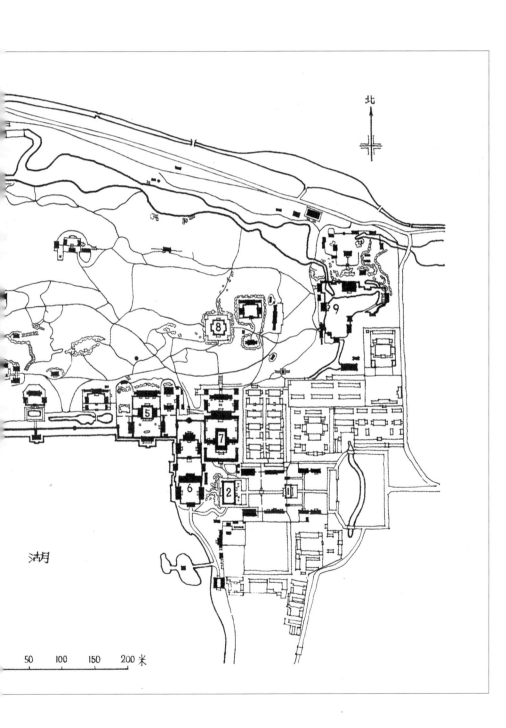

2. 北京颐和园

颐和园始建于 1750 年，是清代乾隆皇帝为了庆祝他母亲的生日而大规模建造此园，命名为清漪园。1860 年和 1900 年两次遭受英法联军和八国联军的破坏，1888—1903 年两次重修改名为颐和园。一百六十多年的时间，颐和园是清代皇帝的行宫，为皇家的"禁园"，中华人民共和国成立后修缮一新，成为大众游憩的场所。颐和园出于帝王统治阶级朝政、生活和观景的需要，在布局上为宫殿、住宅和园林风景的结合，三者统一于造园的景观之中，是大型宫廷园林的杰作（图 2-52）。

颐和园占地面积 300.8 公顷，水面约占四分之三。颐和园主景区的风景结构（图 2-50）：借昆明湖湖面，以万寿山为观景对象，在万寿山南坡的山腰中央建造四层高的佛香阁，它和排云殿形成了前山风景区强有力的中轴线。佛香阁的两侧有转轮藏和铜亭两组建筑，对称地拱卫着佛香阁，使主体建筑群得到完整的立体构图形象。在山坡下临水处，轴线两侧对称地布置了鱼藻轩和对鸥舫两水榭，并用长廊贯穿东西建筑群，使整个前山区成了有严格轴线对称关系的一个建筑群体。昆明湖西部仿西湖苏堤的笔意，筑西堤分隔水面，致使以佛香阁为轴线的前景区的水面大致对称。龙王庙是湖内的一个岛子，和十七孔桥组成景象为佛香阁的对景，也是观赏昆明湖的重要观景点。知春亭小岛从造园观点看是中景（图 2-53），不论是从对鸥舫还是从景福阁看昆明湖，均成为园景的重要景观。颐和园西边的玉泉山和西山为远景，玉泉山上亭亭玉立的宝塔成为颐和园不可分割的组成部分，从而扩大了颐和园的风景范围（图 2-21、图 2-52）。

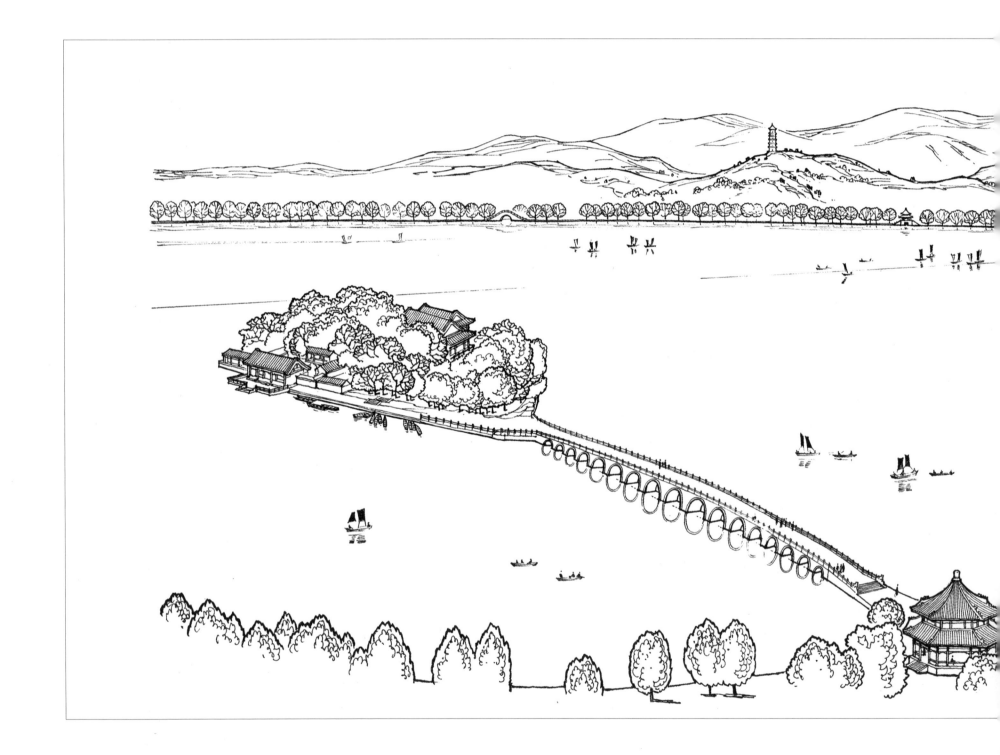

图 2-52 颐和园全貌鸟瞰图

颐和园主景区以佛香阁为构图中心，控制了园景全局。从体量和形象上说，中国传统的"阁"，不论从造型和传统思维上说，都堪称景观建筑之首，端庄而有分量、有气魄，因此"阁"是中国先人留给后人一份宝贵的遗产。学会应用它，对于园林造景、建筑造型，都有很重要的参考价值。由于建筑规模和体量宏伟，加上色彩富丽，气势壮观，前山水天空阔，烟波浩瀚；远山层峦叠翠，烟光凝而暮山紫。知春亭点缀要处（图2-53），布局挥洒大方，而细部谨慎庄重。万寿山上苍松翠柏，昆明湖畔杨柳轻拂。

这一切景色都着力于皇家园林富丽堂皇、山水瑰丽的性格，充分地展示了大型皇家园林的气概。

颐和园利用自然山水，因势利导地进行人工加工，汲取了苏州园林的布局和造园手法（图2-54），但不拘泥于杭州西湖的山水秀色，也不同于江南私家园林追求山林情趣，以玲珑空透的建筑空间取得了引人入胜、咫尺山林的景象。颐和园以严谨的对称布局中求不对称的效果，突破了士大夫造园严忌对称的理论。

图2-53　颐和园知春亭景观图

◎ 知春亭景点取名于宋代苏轼名句"竹外桃花三两枝，春江水暖鸭先知"。

图 2-54 颐和园乐寿堂景观图

◎ 颐和园乐寿堂是一处以海棠为主景的庭院，花开时极为美丽。

3. 南京瞻园

瞻园是南京有名的园林之一，始建于明代，至今约有五百余年的历史，为南京历史上保留至今最悠久的一座私家园林。

相传属于明代开国元勋魏国公徐达的官邸，花园为其后代所建。到清代改为藩司，乾隆皇帝二次南巡，曾亲临此园并赐匾"瞻园"[①]。

1853 年太平天国驻都南京时，一度作为东王杨秀清、赖汉英府邸。瞻园具有一定的历史文化价值，故被列入江苏省文物保护单位，并于 1960 年开始全面修整，由原南京工学院建筑系刘敦

桢教授负责主事。前后经过五年时间，建成目前的规模。

瞻园地处市井，属城市平地造园，主体空间的园景性质属于人工营造的自然山水园（图 2-55）。明清以来，江南一带人工营造的自然山水园，一般都先确定厅堂位置，作为全园中最主要的建筑物（图 2-56）。瞻园的主厅静妙堂位置建于南北纵深 122 米左右的三分之一处（苏州拙政园南北纵深约 115 米，主厅远香堂的位置也约于三分之一处），目的在于使北向留出较大的空间来经营布景。主厅一般用于接待宾客，作为观赏风景最重要的场所，所以园景以主厅为中心，应厅布景。最重要的为北向的山水景观，

① 清《南巡盛典》卷二十、天章（丁丑）。题、识、跋、赞（乾隆三十六年）："赐藩署斋匾：瞻园"。

图 2-55 南京瞻园鸟瞰图

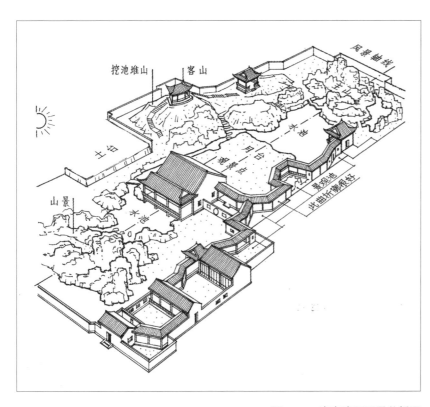

图 2-56 南京瞻园园景分析图

图 2-57 南京瞻园静妙堂南向山水景观图

是全园的主景。北向布景的优点是景物面能受光，植物向阳长势较好，景物也清晰，能获得山清水秀的景观效果。传统的江南私家园林山水一般以北向为主，南向为辅。瞻园的南向经过改建也叠一山，其规模不亚于北山，厅南建临水抱厦，设靠背坐凳，是展观南山最好的地方（图 2-57）。瞻园的布景由南至北形成山—水—主要厅堂—月台—水—山的风景轴线，在这条轴线上包含着观赏和被观赏的对应关系。主景主山的方位确定后，根据地形地貌和住宅的关系，再确定客山的峦向。瞻园的住宅区位于园的东侧，客山定于西侧是合理的，从而东侧设亭、连廊与住宅就能互相联系起来了（图 2-58）。

从平面图中看（图 2-59、图 2-60），原有的瞻园静妙堂东侧的游廊贴墙而建，经过改建后，游廊高低起伏，与东墙有贴有离，故意留出了若干个小天井，在天井内有的点缀一丛灌木，配置山石数峰，有的种植秀竹，点缀石笋几根。若是较大的曲院围廊，则院内布置一湾小水，沿墙堆叠假山石峰，配置天竺、牡丹等植物，犹如一幅"小品画"一样简洁明快（图 2-62、图 2-63）。人若在游廊内观赏，则如置身于画境之中。

叠山理水和地貌塑造。我国人工的自然山水园，叠山与理水往往是紧密结合处理的。山得水而秀，水依山而活。山水依存，互相环抱。瞻园地形地貌的塑造就是依此原理而营造的。将北池之土堆于西北两侧，从绘画的原理中得到启示，主山宜高峻，客山需奔趋。瞻园北山为主，采用取石包土的方法，使山势陡峭挺拔，立石屏合乎画意。西山为客山，采用以土为主，山石为辅，从而形成了山的脉络，也解决了土方的平衡问题。北池以聚为主，给人以辽阔之感。水由假山峰峦中幽出，架曲桥其上，显得深邃莫测。东侧形成水湾，从东南看，水域沿山环抱，造成了山水萦回的艺术效果。园林里开挖的大小水面，要成水系，要有源、有流。

图 2-58　南京瞻园园景透视图

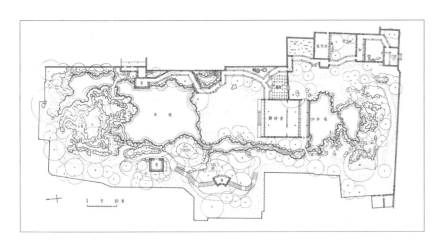

图 2-59　南京瞻园平面图①

◎ 南京瞻园是明代大臣徐达的后花园，早期规模如图 2-60 所示，现在看到的瞻园静妙堂以北是明代遗留下来的假山，假山叠得很好，特别是两座曲桥之间的鹤步滩处理得非常好，匠心独到。静妙堂以南的假山，据说是在著名的建筑史大家刘敦桢教授的指导下堆叠而成（图 2-61）。总地说来，瞻园是一座人工建造的山水园，园景古朴，布局山水主题明确，"叠山"成脉，"理水"南北灌通，建筑疏密得体，走廊曲折有致，并且在走廊的曲折处留出天井点缀园林小品，这些都是成功的地方，值得后人学习。不足之处是水面较小，建筑造型没有特点，不过它仍然是江南园林的经典之作。

① 根据叶菊华同志瞻园设计平面图校对复制。
② 1980 年度中国建筑学会、建筑史学术委员会主编的《建筑历史与理论第一辑》南京工学院刘叙杰撰《南京瞻园考》。

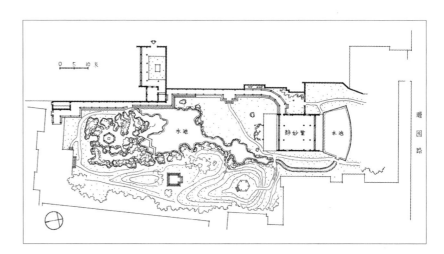

图 2-60　南京瞻园平面图（南京工学院建筑研究所）②

◎ 见于南京工学院建筑研究所童寯先生早年著的《江南园林志》，图中静妙堂前水池形状完整，没有假山。

瞻园将南北水池通过一条溪涧相互联系着，一方面沿溪设景，另一方面使水流通达。瞻园的南假山也是采用石包土的方法，若说北面假山峰回路转，山石层次重叠，水边矶石浅滩，合乎曲折平远的画意；南山则概括了千岩万壑的气概。若说北池是弥漫的静水，那么南池则为漪涟的动水了。山前汀步涉水，蜿蜒入洞而出，顿觉妙趣横生（图 2-61、图 2-64）。这就是继承了我国传统自然山水风貌的园林，充分体现了我国自然山水园的精髓。

图 2-61 南京瞻园南向假山图（近代堆叠）

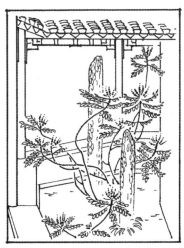

图 2-62 南京瞻园曲廊中的园林景观小品

图 2-63　南京瞻园藤萝图

图 2-64　南京瞻园明代假山图

4. 苏州拙政园

拙政园是我国名园之一，具有明代园林的风格。

拙政园地址原是宋代大宏寺旧址，明代嘉靖年间（1522—1566 年），御史王献臣买大宏寺建造此园。王献臣辞官还乡后，寄情园林，以发泄对朝廷的不满，借用晋代潘岳"灌园鬻蔬，是亦拙者之为政也"的意思取名拙政园。

据文征明《拙政园记》中记载："在郡城东北界娄、齐门之间。居多隙地，有积水亘其中，稍加浚治。环以林木。为重屋其阳，曰梦隐楼；为堂其阴，曰若墅堂。"可见拙政园的设计布局，从一开始就是利用水面，挖池堆山，成为山水园林的基础。

拙政园中部的空间布局是经过一番精心设计的。它在南北 115 米、东西 120 米的范围内创造了"多方景胜，咫尺山林"的艺术效果（图 2-65、图 2-66）。最重要的是在有限的范围内划分景区，互相借姿，突破空间局限，增加游览程序，扩大景象空间感。我国传统的私家园林对于主要厅堂的选择都首先考虑到最好的朝向和主要景观的位置，从入口到远香堂（主厅堂）形成一条风景轴线（图 2-67、图 2-68）。远香堂南望庭前树荫洒地，假山起伏。北面山林胜景，水池清澈（图 2-69）。这一布置方法是明清私家园林常用的手法，影响之大不但遍及江南，也影响了皇家园林。其主要厅堂南向两侧布置两组院落，风景轴线构成了园子的基本骨架；主体空间以山林葱翠，荷风香远为意境；假山以土为主，正面叠石堆坡，并延伸水际，近山露脚而不露顶；池中土山一大一小，两山之中，缓流伏出；山巅设两亭，一隐一现，构图一竖一横；主山上的雪香云蔚亭是远香堂的主要景观，以欣赏梅花为主题，从亭内可以鸟瞰主厅堂全貌；远香堂东侧崛起一山峦，在画论中称为主山来龙起伏，客山朝揖相随；主景区空间

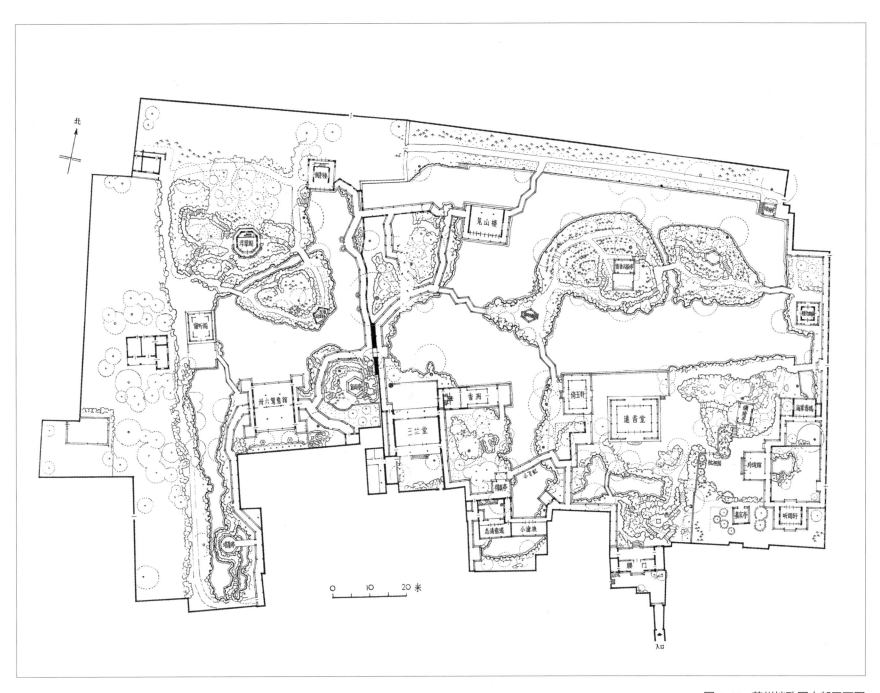

图 2-65　苏州拙政园中部平面图

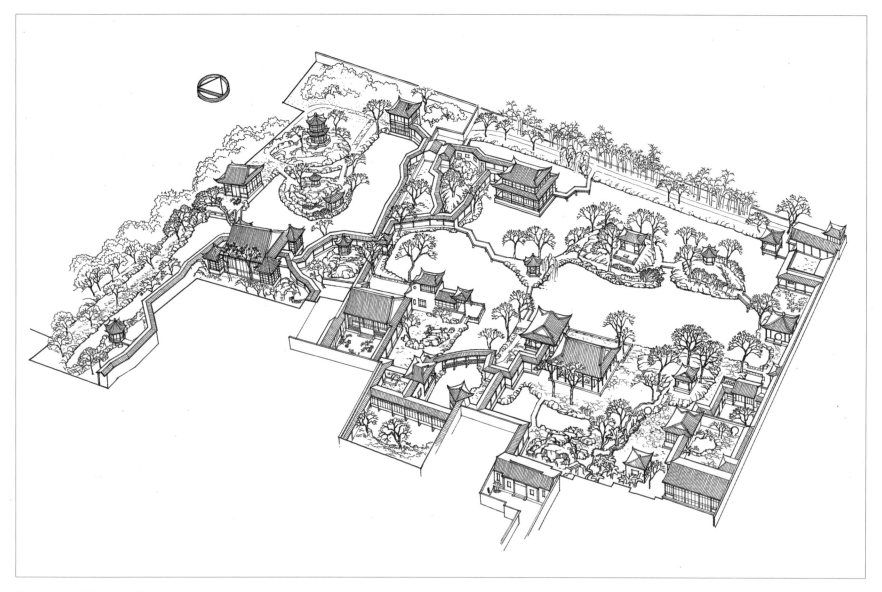

图 2-66　苏州拙政园鸟瞰图

◎　拙政园是一座人工山水园。园景布局疏密得体，主景区和园中园的关系良好，对景、借景、透镜等园景处理艺术性较高，对于苏杭一带的造园影响很大，是一座成功的园林范例。

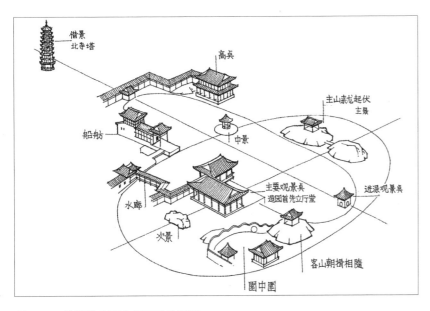

图 2-67 苏州拙政园中部园景分析图

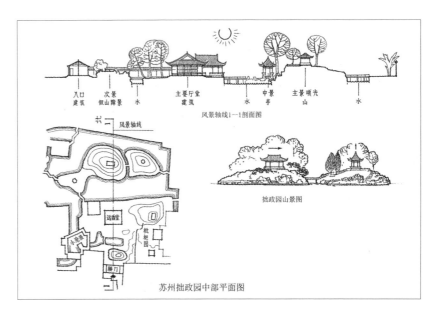

图 2-68 苏州拙政园中部平面、风景轴线剖面、山景图

◎ 拙政园是苏州园林中的经典之作，是以山水布局为主景的一座园林。拙政园以远香堂为主要景观建筑，以此为中心，从南到北，与视角平行成一条风景轴线。南向入口区有山石小品，树荫婆娑。北向山林景观是远香堂面对的主要景观，荷花池水面将山林环抱。

图 2-69 苏州拙政园从远香堂看山林景观图

图2-70 苏州拙政园远香堂西侧香洲景区鸟瞰图

◎ 香洲是苏州园林的创造性建筑，其造型美观、简洁大方，具有船舫的特征而不具象，有较高的艺术性，是一件成功的建筑作品，是苏杭一带园林中常采纳的园景，也影响到颐和园的石舫营建。

比例与尺度适宜，水池横向展开，景物的视野广阔；水面东西纵深处，东设有"梧竹幽居"亭（图2-8），四面有门洞，可纵观西端景深；设荷风四面亭为中景，加上植物的遮掩，把水池分隔为东西两个景区；荷风四面亭成为了景区的有机联系点。显然，由于远香堂的位置和景观，决定了主体空间的重心。西边的景区，以见山楼为主要观景点，也是园林的兜角，以借西园景色。香洲作为船舫的造型（图2-70），是水景的主要景观，而小沧浪幽深

的景色拓展了空间视野（图2-71）。

拙政园西部，历史上称为补园，主体空间的风景轴线其用意和中部类似（图2-72）。但由于山和山上建筑的比例，植物的配置，鸳鸯馆主体建筑体量和水池水面比例欠妥，所以景象的艺术氛围、效果比中部的略差。东侧波形水廊、倒影楼的结合非常成功，更添情趣，如图2-73、图2-74所示。

图 2-71 苏州拙政园小沧浪鸟瞰图

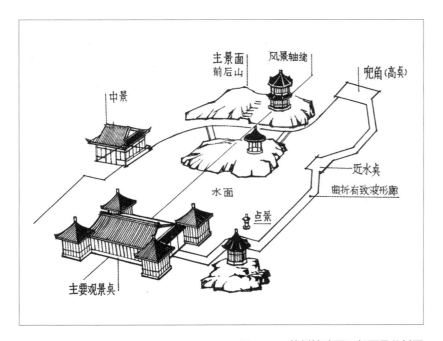

图 2-72 苏州拙政园西部园景分析图

图 2-73 苏州拙政园西园波形走廊透视图

◎ 波形走廊由平面向水面倾斜，并在顶端处理亭和石塔，丰富构图形象。

图 2-74 苏州拙政园从东侧亭中看山景图

5. 苏州留园

留园于明代万历时始建，为徐泰时的东园故址，留园占地三十余亩。清嘉庆时为刘荣峰宅，称寒碧山庄；光绪二年归盛旭人所有，改称为留园。留园是一座人工的山水园，被誉为"吴下名园之冠"。留园和拙政园均为古典园林的经典之作，对后人造园影响很大。留园西侧将开挖的土堆到园界以外，形成园外有山的感觉，当秋日叶红后增加园内景色，妙不胜收。主景区的东侧建楼房可以观赏园景，也处理了园景的里面挖池留岛，在水面允许的情况下是一种园景设计的手法，既能节省土方量又能增加园景（图2-20）。

留园以建筑和庭院见长、布局紧凑、建筑空间的处理匠心精湛，为我国大型古典园林中艺术造诣较高的一例（图2-75～图2-77）。

留园中部以涵碧山房为主体建筑，主景为山水，假山坐北朝南，景物明晰清澈。风景轴线的组织和意境与其他私家古典山水园大体相同。留园的地表用挖池堆山来解决土方平衡，土方堆砌在西北两处，而以西侧为主。西山把土一直堆到园界以外，使园内外假山联通起来，有山林无尽之感。为了突出北山主景，形成景区的视角范围，西山腰用围廊分隔空间。留园的假山以土山为基础，覆盖黄石，叠花池，筑蹬道，垒池岸，山上立石峰。北山巅建可亭为构图中心，是涵碧山房的对景。西山以闻木樨香轩为主体建筑，两侧接爬山廊，是曲溪楼和清风池馆的对景。北山以银杏为骨干，西山以桂树为主，四季节景，宜赏秋色。

留园的建筑造型比较丰富，并且注意到组合空间整体的构图效果。东南两侧建筑主从明确，主体建筑周围配合了一些小建筑，既丰富了园景，又处理好了虚实关系。涵碧山房和明瑟楼组合成主体建筑，突破了一般厅堂单调呆板的建筑形象。清风池馆和小岛之间组织了一个小景区，景物小巧玲珑。特别是清风池馆山墙

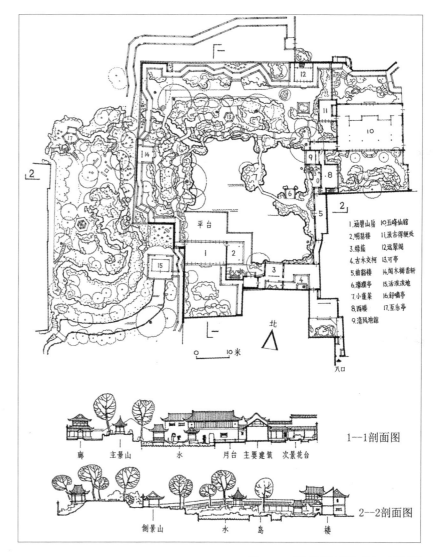

图2-75 苏州留园平面图、剖面图

南侧，很小的一个墙角精心点缀了山石小品。东北角建翠远阁，为园林的兜角，妆四周之景色。以西临墙建曲廊，留出若干天井，曲曲折折，每一曲里都有一个天井，每个天井当中都有一个小景观，使曲廊玲珑地蜿蜒于绿化小景之中。这是中国古典园林中走廊的经典，值得我们学习借鉴，如图2-78～图2-80所示。

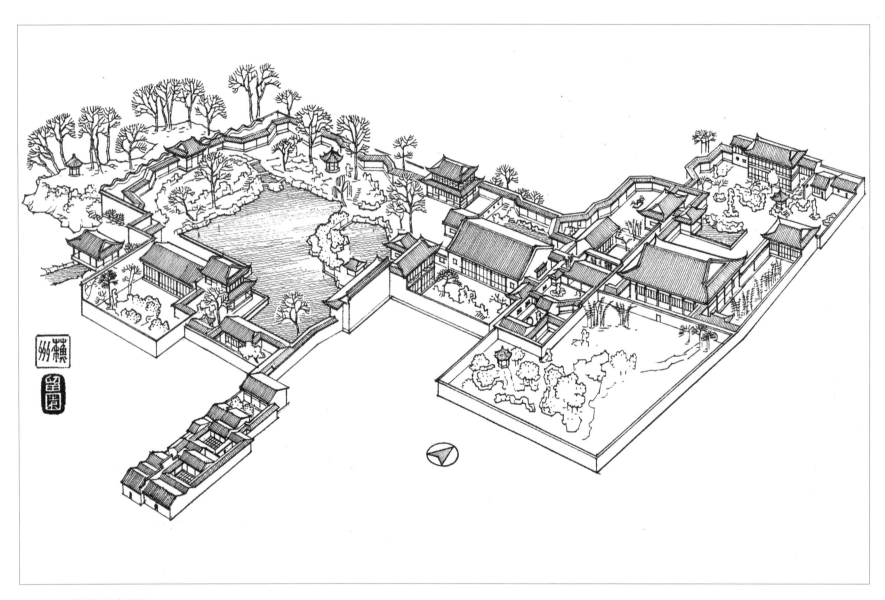

图 2-76　苏州留园鸟瞰图

图 2-77　苏州留园主景区鸟瞰图

图 2-78　苏州留园建筑景观图（一）

图 2-79　苏州留园建筑景观图（二）

图 2-80　苏州留园建筑景观图（三）

6. 无锡寄畅园

无锡寄畅园是一座明代园林，人工挖池堆山，用山石包土，山高约4米，由于选址得当，园内堆山不高而借无锡惠山为背景，因而获得山林深远高耸的感觉，是一例事半功倍的成功典范，因此名声大震。乾隆皇帝看后在北京颐和园内设计了一个谐趣园。该园以寄畅园为蓝本，园林界称之为变体园（明代）。

寄畅园也是造园的一个经典案例，对后世造园的影响很大（图2-81～图2-83）。寄畅园的经典之处有两点：一个是八音洞；另一个是借惠山为背景。园中的水域面积并不大，水面宽20米左右。其主要观景点在知鱼槛，对岸是鹤步滩，并种枫杨于滩上，使对岸的山景增加层次（图2-84）。园中西面土山大约高4米左右，山上树木参天，助长了山林的气氛。由于其背景是惠山，假山正好就像是惠山之麓，借惠山山脉形成连绵山峦的园景，是为借景的成功之作（图2-19）。

八音洞是寄畅园独有的景观。它的山岗并不高，但山岗上种有树木，人走在其中，感觉就像在山谷中行走一样。山涧的长度大概是30米，两边有水洞。之所以称之为八音洞，是因为山涧的尽头有一座小山，山上有一口井，井水从山顶流入山涧之中，又依次流入八个水洞之中，而八个不同的水洞底下又放有八个大小深浅不同的水坛，从而发出了八种不同的声音，如图2-85、图2-86所示。

1. 大门　　4. 双孝祠　　7. 涵碧亭
2. 大厅　　5. 郁盘　　　8. 环彩楼　　10. 鹤步滩
3. 秉礼堂　6. 知鱼槛　　9. 九狮山　　11. 八音洞

图2-81　江苏无锡寄畅园平面图

图 2-82 江苏无锡寄畅园鸟瞰图

图 2-83 江苏无锡寄畅园园景图

图 2-84 江苏无锡寄畅园知鱼槛对面景观图

◎ 知鱼槛对面假山下做了一个鹤步滩，栽了三株枫杨，还有石桥联系，是一处成功的景观。此外在山的北侧有一座人工山谷，名为八音涧，很富有创造性及极高的景观价值。

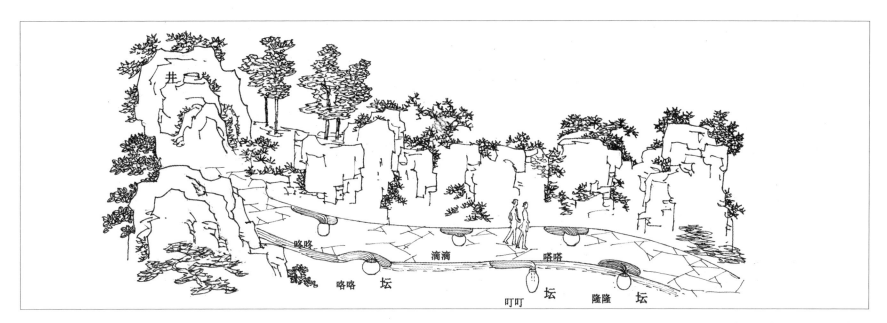

图 2-85 江苏无锡寄畅园八音涧分析图

◎ 八音涧两侧使用假山包砌而成，水源是在高处打井流向水槽。两侧水流入坛内，由于坛的大小不同、深浅不一，因而发出不同的音节。这是我国造园师的智慧创作。

图 2-86　江苏无锡寄畅园八音洞景观图

◎ 八音洞是人工用假山石堆叠而成的一段山峪，好似坑道，石壁不高，约 2～5 米，顶面配置灌木，身临其景，就像在山峪中行走。而令人意外的是在山峪两侧的路边贯穿一条溪流，水流到洞内，不时发出各种各样不同的声音，极有趣味性。

7. 上海豫园

上海豫园初建于明代嘉靖、万历年间，为潘允端所筑，经过二十余年的苦心经营而成，被誉为"奇秀甲于东南"。在潘允端去世后，豫园逐渐荒芜。

直到乾隆年间，为不使这一名胜湮没，筹款重建为邑庙之西园，规模和造诣均列为当时江南的名园。后于清道光年间又建造了一组点春堂建筑群（图 2-87），清末横遭帝国主义和清军的破

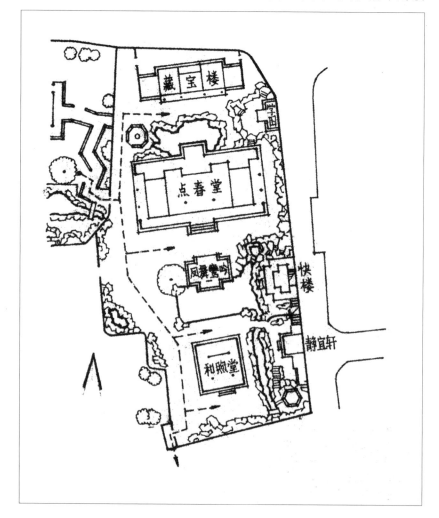

图 2-87　上海豫园点春堂前后各景区平面图

坏。中华人民共和国成立后，豫园得到了修缮，旧貌变新颜，犹如枯木逢春。豫园的布局受苏州园林的影响很大，基本是按照苏州园林的模式建造的（图2-88～图2-92）。

三穗堂是豫园的主体建筑（图2-93），堂南为放生池，从造园的观点看，池中的湖心亭和九曲桥成为三穗堂的对景，建筑形式别致（在江南用湖心亭、九曲桥的手法并非孤例）。池东借绿杨春榭和得月楼（图2-94）西墙为界，墙上突出一亭，与两楼形

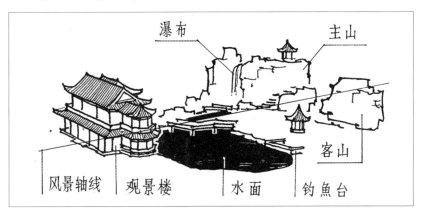

图2-88 上海豫园景观分析图

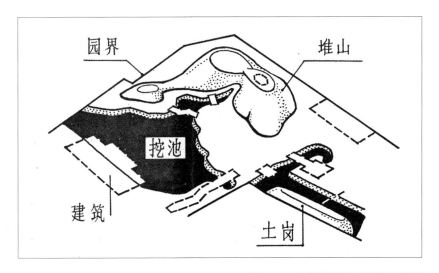

图2-89 上海豫园地貌改造示意图

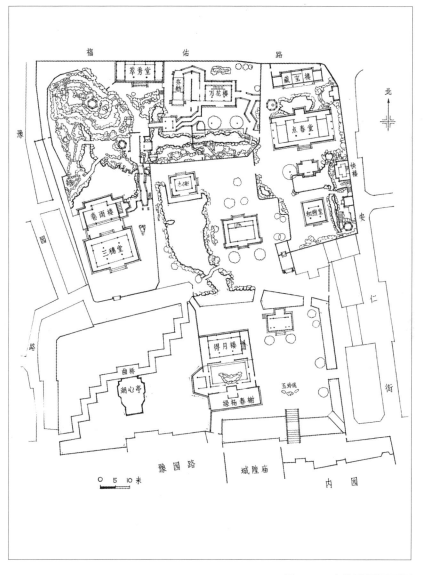

图2-90 上海豫园平面图

◎ 根据建筑学报郭俊纶撰《沪城旧园考》现状平面图重新绘制。

图 2-91　上海豫园鸟瞰图

◎　上海豫园右下侧为扩建部分。豫园是一座中国古典园林，假山比重较大，建筑华丽，深受苏州园林影响。

图 2-92　上海豫园园景图

图 2-93　上海豫园主要建筑厅堂图

成良好的侧向构图。三穗堂后是豫园的主要景区。仰山堂（楼上称卷雨楼）是豫园山水景观的主要观景点，建筑临水，凭栏可欣赏山林景色。西边曲桥通途，东边点亭相伴，池边设钓台，隔池叠山，假山嶙峋，园中主景与仰山堂观景点形成风景轴线，为明清造园中常见的手法。惟感到水面不够辽阔，深为遗憾。

豫园属平地造园，地貌起伏的变化靠挖池堆山而成。假山南向全部用黄石叠成，传为明代叠山家张南阳所作。规模较大，为黄石假山的代表作。山势峰回路转，崇岩峭壁，点亭山巅，飞瀑幽谷，在深潭山涧上架桥，观看白练悬崖，如此景致，常见于画家画笔之下。假山岩理通顺，蹬道自然，铺土留穴，栽植花木，使山林苍翠，欣欣向荣，虽人工之作，而不落斧凿之痕，不愧为一佳作，如图 2-95、图 2-96 所示。

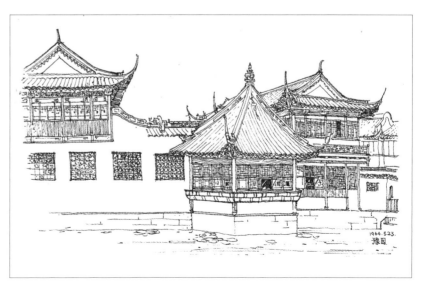

图 2-94　上海豫园外得月楼外观图

图 2-95 上海豫园假山风貌园景图

图 2-96 上海豫园凤舞鸾吟及快活楼假山图

上海豫园是一座传统的人工山水园，没有受西方的影响。假山比重较大，园内楼宇堂榭建筑华丽，造型美观。假山挺立、峰回路转，叠山造型完美，山顶建六角亭，台座平整，在假山一侧做瀑布，顶部设井供水，用曲桥通途，山上树木茂盛，水池边设钓鱼台，再通过门廊进入鱼乐榭和万花楼景区（图 2-97）。豫园叠山和理水两大系统处理得都很到位，园景面貌较为精致，景区划分明确，小中见大，内容丰富，是中国古典园林中的经典之作。

图2-97 上海豫园乐鱼榭景区透视图

8. 苏州怡园

　　苏州怡园最早是明代吴宽旧宅，现为怡园的东部。清光绪年间归顾子山所有，后扩建西部，现在从平面上仍可看到东西两部分用复廊相隔的痕迹。其子顾承擅画山水，亲自参与造园。由于西部建园较晚，怡园的规划布局受苏州其他园林的影响很大。

　　怡园的入口同样是有一个曲折的穿行空间，通过穿行空间之后来到复廊。复廊即中间有一面墙的走廊，它的作用是分隔交通方向和路线。怡园的主体空间系属山水园，其风景景象的组成总结了明清私家园林的成熟经验。风景轴线的布置自南而北有：湖石牡丹台—主厅堂—月台—水池—主假山—山上点亭（构图中心）—两侧布置亭桥等，同留园的风景轴线类似。怡园的主体厅

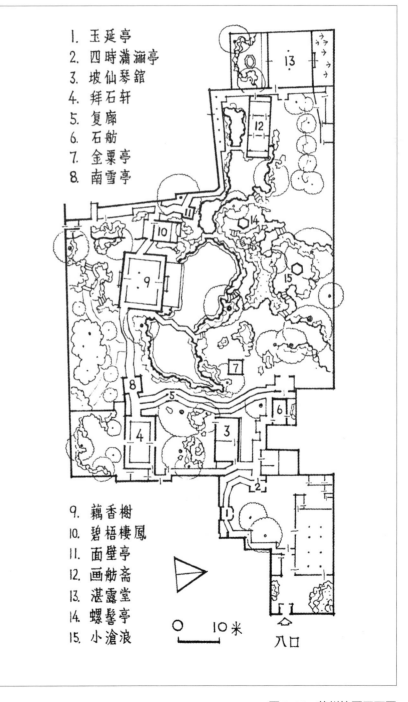

1. 玉延亭
2. 四时潇洒亭
3. 坡仙琴馆
4. 拜石轩
5. 复廊
6. 石舫
7. 金粟亭
8. 南雪亭
9. 藕香榭
10. 碧梧栖凤
11. 面壁亭
12. 画舫斋
13. 湛露堂
14. 螺髻亭
15. 小沧浪

0　　10米

入口

图2-98 苏州怡园平面图

堂是鸳鸯厅，南向称锄月轩，北向称藕香榭。锄月轩庭前布置自然山石的牡丹台，为庭院点景。藕香榭北向面临峰峦起伏。湖石假山规模宏大。前峰以螺髻亭为构图中心，后峰以小沧浪亭为背景，组成了山的脉络。山上苍松翠柏，藤萝攀缘，做成重岩叠嶂的布局。但由于池水太浅，藕香榭的北池岸边的山石太高，致使螺髻亭的前峰不显高峻，构图上缺乏对比。若提高水位或池边叠石做分层叠水处理，效果更好。

怡园的主景是假山和凉亭，其设计者是父子俩，都是山水画家。他们在厅堂对面设置假山和凉亭是为了营造山水画中山势层峦叠嶂的效果。在中国园林当中，假山是无法做得太高的，那怎样才能营造出山势层峦叠嶂的效果呢？比如乾隆花园，采用假山逐渐堆高手法，庭院入口处的假山很低矮，越往后越高，到了皇帝寝室旁边的假山已有两三层楼高。这样，假山就营造出了层峦叠嶂的效果，如图 2-98～图 2-100 所示。

图 2-99　苏州怡园鸟瞰图

图2-100 苏州怡园景观图

◎ 怡园的园主人用高超的绘画眼光建造和设计园林，就如本图所示的高山峻岭。由于假山高度有很大的局限性，达不到绘画所想象的意境。怡园建成后，虽然假山高度不够理想，但是通过匠人的努力，假山仍然有丛山峻岭的绘画效果。因此怡园在苏州园林中仍响誉较高的评价。

9. 杭州西泠印社

西泠印社位于杭州的孤山上，现在还保留着汉代的印章。西泠印社是清末民国时期一批中国美术史上有成就的画家的乐园，也是一个金石篆刻专业学术团体，聚集了山水画、焦墨画家黄宾虹，花鸟画大家潘天寿、陈之佛，油画家刘海粟等一批大家。

西泠印社风景点建于光绪年间，是杭州几个著名的金石家研究金石、篆刻艺术的场所。由于它所在位置临近西泠桥，所以命名为西泠印社。西泠印社虽然是浙派金石前辈研究金石的聚集场所，可以看到我国金石艺术的部分史迹，但其造园方面也具有相当高的艺术造诣（图2-101～图2-103）。

西泠印社是一座人工兼自然的园林，园景很有特色，西泠印社四个字就是凿平了一块花岗岩石而后刻上的。下北山坡的山洞有著名画家吴昌硕的半身石像，山洞、水池等都是经过人工开挖修整而成。所以西泠印社山顶景观除了建筑物外，石壁篆刻金石味很浓，水池边还有一尊石像，山岗上建一塔，塔身纤细秀美，配合苍松，成为西泠印社山顶园林的主要景观（图2-104、图2-105）。

四照阁前有一块场地，植几株乔木庇荫，在场地上可以纳凉、社交、赏景，是一处非常实用的地方。四照阁也是西泠印社成员聚会的场所，对园内可以观赏园内景色，对园外可以凭栏西湖风光，是一处非常惬意的好地方。

西泠印社是利用孤山的西端居高临下，依山势而建。利用山上的一片平地，经营造园。其风景轴线的组成，运用了我国古代传统园林的布局方法。四照阁是西泠印社的主体建筑，建筑在山崖，南对西湖，鸟瞰西湖波光粼粼的湖景，其选址的位置就奠定了欣赏湖光山色的创作基础。

面对四照阁的北边，利用孤山的山脊为山岗，山上建造了一座严经塔，为四照阁北望的对景。在山岗前劈石开池，石台上点题为西泠印社，很有金石的味道。冈上凿山洞为石室，凿踏步为蹬道。金石家们为纪念先辈，立石刻像，把吴昌硕的石像置于石室之中。金石家们利用自然石壁，篆刻规印崖、岁石岩、文泉、闲泉、印泉等名称。在他们的精心设计之下，把石刻艺术巧妙地融入到了造园空间之中，突出了"印社"的意境，如图2-106～图2-108所示。

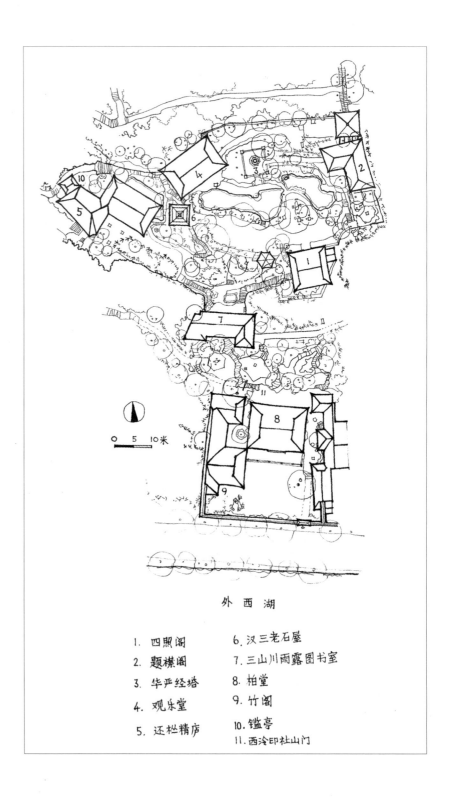

图2-101 杭州西泠印社平面图

外 西 湖

1. 四照阁　　6. 汉三老石屋
2. 题襟阁　　7. 三山川雨露图书室
3. 华严经塔　8. 柏堂
4. 观乐堂　　9. 竹阁
5. 还朴精庐　10. 锦亭
　　　　　　11. 西泠印社山门

◎ 汉三老石屋前石刻坐像是清代篆刻家浙派先辈丁敬（1695-1765年）。矗立在小龙泓洞边的石刻立像，是清代篆刻家身邓派先辈邓石如（1943-1805年）。在石龛内的是近代金石家吴昌硕的铜像。

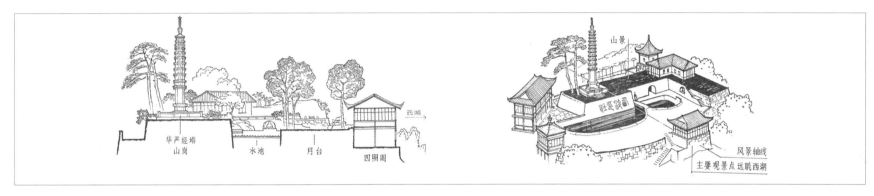

图 2-102　杭州西泠印社纵剖面图

图 2-103　杭州西泠印社山景风貌图

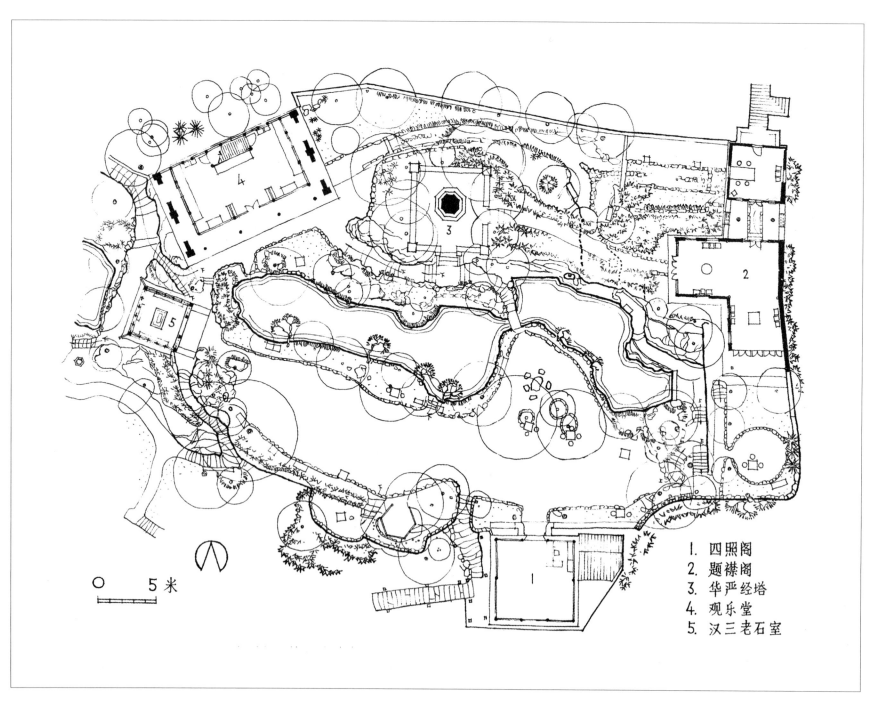

1. 四照阁
2. 题襟阁
3. 华严经塔
4. 观乐堂
5. 汉三老石室

0 5米

图 2-104 杭州西泠印社山顶庭院平面图

图 2-105 杭州西泠印社山顶全貌图

图 2-106 杭州西泠印社登山牌楼图

图 2-107 杭州西泠印社西南角眺望点

图 2-108 杭州西泠印社观乐堂前庭景观图

（二）山景园

造园不在于山的高大，而在于山的象征。借自然山地造园固然理想，倘若无山则人造山林环境亦不难，传统的私家园林和皇家园林中，土山一般 3 ~ 4 米，高一些则 5 ~ 6 米。山上种植苍翠的乔、灌木，山林气氛逼真。若造主景山，则叠假山，立悬崖，或两峰相峙，或峰回路转，或山巅设亭，或矫树垂藤，得水则依势而探，架桥通途等。有条件者全部叠石，无条件者依土包石，或重点加强山的形象特征。山以欣赏峰峦雄秀、林木苍翠、纳四时景色为主。山景虽有水而秀，但往往很难都有水面。崇山峻岭之中，有回互缓流，伏而复出，萦回石涧。若飞瀑于冈峦中陡落，为之奇观，始足怡情。人工造山，山要有来龙去脉，重峦叠嶂，亭阁宜半藏林间，兼收全园景色。游山景宜深入腹地，林荫茂密，曲径通幽，层次丰富深邃。道路回环，山径透迤，路景变化多样。穿洞壑、过危道、游涧谷，忽而悬崖峭壁、险势逼人，忽而登高远瞩，心旷神怡。在山林间建楼阁、围廊、轩，虽身在闹市，而趣在山林。举实例如下：

1. 苏州虎丘

春秋时期（公元前 500 年），吴王夫差葬其父阖闾于虎丘，晋代建别墅和寺庙于此。后来又多次被毁，现在仅存宋建云岩塔和元建断梁殿。其他大多为清末重建，直到中华人民共和国成立后修缮一新。虎丘属于自然风景园林，严格地说是名胜古迹，寺庙气氛浓厚，是一处自然风景与人工相结合的游览胜地，景观丰富，颇得人们喜爱。从造园的观点，对于自然界的态度一是利用，二是经营自然。虎丘经过人工的经营和开发，在规划布局和局部处理上有值得效法的地方。如虎丘塔的构图中心是在忽隐忽现的空间程序变幻中出现。从隐没到出现的过程，给游人展示着新鲜

的构图景象（图 2-109、图 2-110）。

虎丘山并不高，游人到了千人石，虎丘山石气势雄伟的特征才充分地显露出来，使人领略到山林环境、深山古寺之美。嵯峨不齐的结构，巍峨壮观，特别是点缀了一个石经幢，亭亭玉立，形成了千人石完美的构图（图 2-111）。石经幢虽然是僧侣用来篆刻佛学的物件，但其选择的位置、体量和比例都十分恰当，是

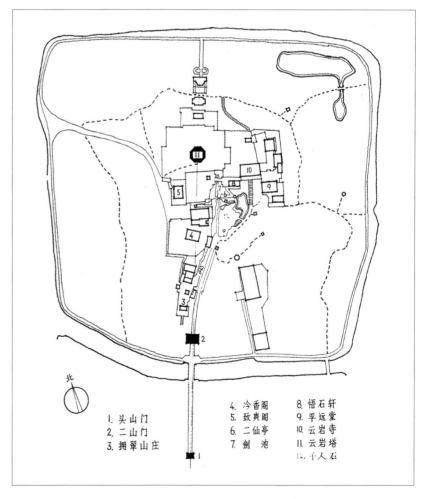

北

1. 头山门
2. 二山门
3. 拥翠山庄
4. 冷香阁
5. 致爽阁
6. 二仙亭
7. 剑池
8. 悟石轩
9. 平远堂
10. 云岩寺
11. 云岩塔
12. 千人石

图 2-109 苏州虎丘平面图

非常成功的园林装饰小品。其他如剑池、劈石断层、绝岩继壑、壁下清泉等，都令人倍感亲切。造园者在处理风景结构时，还通过园洞门和门上的立体交叉路径来充当媒介，在剑池岩壁顶上架一座飞桥，不论从哪条路通过，都形成高、中、低三点透视的良好效果，这就是造园者的匠心所在（图2-112）。

图2-111 虎丘广场千人石景观图

◎ 虎丘广场上自然形成的天然石，相传是僧侣们诵经的地方。千人石上人工点缀了一个石经幢，赋予了人文文化，既美观又有意义，构图大小很得体，是一处自然和人工相结合的成功范例。

图2-110 从虎丘广场眺望虎丘塔全貌

图 2-112 虎丘从剑池穿过园洞门游览图

◎ 游览路线形成立体交叉，很有景观价值。

2. 南京灵谷寺

灵谷寺是金陵三大寺之一，"灵谷深松"是金陵四十八景之一。灵谷寺由寺庙建筑、国民革命阵亡将士公墓和灵谷公园组成，笼统地将这片地区称为灵谷寺，现为钟山风景名胜区中灵谷景区部分。灵谷寺位于南京紫金山东南坡下，初名开善寺，是梁天监十三年（514 年）梁武帝为纪念宝志禅师兴建的"开善精舍"，原位置在紫金山独龙阜即现明孝陵所在地。明洪武十四年（1381 年），明太祖朱元璋为建造明孝陵，下令移建蒋山寺（注：元朝及明朝初年被称为"蒋山寺"），并敕封寺名"灵谷禅寺"，封为"天下第一禅林"。1983 年，灵谷寺被定为汉族地区佛教全国重点寺院。如今的灵谷寺，四周苍树环抱，花香飘逸，佛音缭绕，钟声悠扬。

历史上的灵谷寺经历过数次兵火摧残，除无梁殿保留至今外，其他建筑都是清代同治年间重修的，其建筑规模已经大大缩小。松风阁北面有一座建于 1929 年，为纪念北伐战争遇难将士的灵谷塔。塔共 9 层，高 60 多米，全部用钢筋混凝土建成，琉璃瓦屋顶，塔中由独柱螺旋楼梯登上顶层。登高眺望，钟山苍莽，层峦叠翠，万顷苍松，茫茫林海，气象万千，中山陵殿堂庄严地矗立在苍松翠柏之中。

灵谷寺是属于自然风景区的游览胜地。由于环境优美，深山谷地，穿行其间感受山林情趣，再加上灵谷塔这一特殊的风景建筑，登临远望，山林风貌气势汹涌，景色壮观，让人感觉心旷神怡（图 2-113）。

图 2-113　南京灵谷寺

◎ 南京灵谷寺是一个自然风景名胜地，有无梁殿和殿堂建筑。从一座钢筋混凝土塔的塔顶远眺，风光绚丽，近处能看到名人故居，远处能看到孙中山先生的中山陵。山峦叠嶂，蔚为壮观。

3. 苏州环秀山庄

环秀山庄始建于清代乾隆年间，后于道光末年，更名为环秀山庄。其占地面积约一亩余，是以假山取胜的山景园。环秀山庄的假山是用湖石堆积而成，在当时的历史条件下，假山规模可说是壮观，但比起真山来，相对尺度就很小了。假山，不在于模拟自然山林的绝对形似，而在于所创作的景象给人以真实的艺术感受。环秀山庄虽然尺度很小，却具备自然山水的典型特征，来龙去脉浑然一体，为我国私家园林中湖石假山最成功的一座。

环秀山庄的布局，题目是"山庄"，因而把三间北屋和一座亭子设置在山上，取名为补秋山房和半潭秋水一房山，建筑物从属于山庄的主题思想，成为这个概念的有机部分。从房子的取名来看，是以赏秋景为主，因而在房子附近种植桂树。假山位置设计在主要厅堂的北面，成为风景轴线上的静景对景（图 2-114、图 2-115）。假山的体量，在景象中占主要地位，山高约 7 米，

占地约半亩，占全园很大的比重。假山的西南面，山水萦绕，贯穿于山谷中，其位置正是游览和活动的主要方向。山因水而秀，水因山而活。造园家充分利用了这一水系，或架桥于池上，或设亭于泉边，或峡谷湍流，做到脉源贯通、水石交融的境界。

环秀山庄的假山，以效法自然为创作原则，把自然山水的特征，经过概括提炼和艺术加工，应用到叠山理水的造园之中，如峰峦、悬崖、盘道、峡谷、洞穴，在这一座小小的叠山中面面俱到。假山峰峦起伏，峰回路转，盘旋而上，悬崖险峻，峡谷中峭壁对峙，岩洞石室，让人宛如置身于山谷之中。这就是所谓的"虽由人作，宛自天开"。由于山拥而虚其腹，湖石透漏而玲珑，因此获得了实中有虚、玲珑空透的效果，以此将这些自然界造山的典型特征巧妙地组合在假山的塑造之中。环秀山庄假山的成功之处，还在于造型的处理上。山的主峰没有立在整座假山的中间，而是随着造山脉络的动势而崛起，群峰互相陪衬，山形左耸右舒，前结后伸。

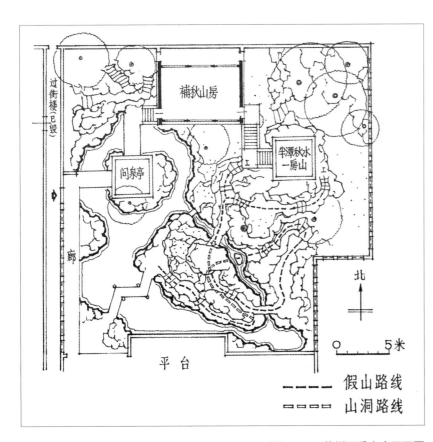

图 2-114 苏州环秀山庄平面图

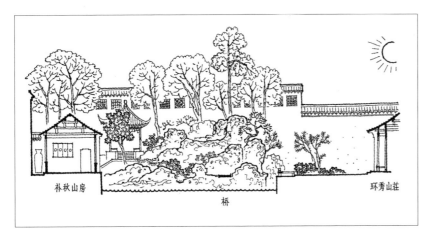

图 2-115 苏州环秀山庄假山西立面图

假山上的树木配置随着山形的趋势向前探海，有助于峰峦的动态（图 2-116），使假山活泼自然。除主山外，于西北角另堆一座远山，以衬托主山的孤独，以求得层峦叠嶂的效果，这就是绘画中的"山外有山，虽断而不断；树外有树，似连而非连"。

环秀山庄池南原有四面厅，问泉亭连西面走廊，西北角的走廊上还建有南北狭长之楼，既可俯瞰全园景色，又可借观园外之景，可惜都已毁坏，有待今后恢复。

环秀山庄就其造园性质而言，是一种以人工空间描写自然空间的艺术，把自然山水的形象提炼成艺术的形象，使假山的形象更精粹，更集中，更有概括性，更具有动人的魅力，把山川钟毓

图 2-116 苏州环秀山庄假山西南透视图

◎ 苏州环秀山庄的湖石假山出自著名的假山师傅戈裕良之手，在江南私家园林的叠石排位中首屈一指，为后世造园界所尊崇。此假山峰回路转，上下迂回曲折，山洞走向自然畅通，有山崖峭壁、天桥登道，有山岭天缝、溪流水湾，湖石相互接搭，融为一体，就像一个自然的山体。此外，假山的造型还叠出前趋向的动势，配置植物，峰峦叠嶂，非常生动。

叠山、理水是中国园林中两个重要的环节。叠山，是一个专业性较强的分类。假山师傅除了必须具备堆叠技术保证结构坚固以外，还要具备造型能力及绘画、美学等方面的智慧，才能掌控全局，创作出自然生动的山体，正如造园家计成所说，达到"虽由人作，宛自天开"的境地。

之气融会贯通，夺其造化。所以假山虽小，却能达到效法自然、高于自然的艺术境界。这可以说是立体的雕刻，经过叠山家之手，利用湖石假山的特点塑造成玲珑剔透的一座山景，峰峦回抱，洞壑幽深，峡谷流泉，汀步石室（图2-117），宛然似真实的山林。环顾这座假山，千姿百态、形象真实生动，这也可以说是立体的画。通过对山庄的创作，能深入景象之中、穿行于峻岭深岩，幽泉秀谷，无不论静观或动观都自然可爱。

环秀山庄是中国传统园林中的宝贵遗产，其艺术价值值得深入的学习。

图2-117　苏州环秀山庄假山山洞图

4. 扬州大明寺西园

大明寺位于扬州城区西北郊蜀冈风景区之中峰。它既是一座佛教庙宇，也是一方风景名胜，由大雄宝殿、平远楼、平山堂、御园、鉴真纪念堂、栖灵塔、天下第五泉等组成，是集佛教庙宇、文物古迹和园林风光于一体的游览胜地。大明寺古有"扬州第一名胜"之说。大明寺初建于南朝宋孝武帝大明年间（457—464年），故称"大明寺"。隋仁寿元年（601年），文帝杨坚60寿辰，诏令在全国30个州内立30座塔，以供奉舍利（佛骨），其中一座建立在大明寺内，称"栖灵塔"。塔高9层，因寺从塔名，故"大明寺"与"栖灵寺"并称；又因大明寺在隋宫、唐城之西，亦称"西寺"。

扬州大明寺西园，是四面环山的盆地式造园（图2-118），此园主要景物为中华人民共和国成立后建造。"盆"内水池上布置了堤、岛、亭、舫，带有江南湖堤、山清水秀的风光（图2-119），居高临下，全园景观尽收眼底。尺盆之景可憩可游，足尺之亭成为盆中之物，人入园景中，如若盆中游（图2-120）。

四周土山岗峦，古木参天，形成了绿色屏障，东侧山林起伏，点亭设景，亭侧留有唐代张又新撰《煎茶水记》中刘伯刍品名的第五泉。黄石假山立峰插水，纹理相通，主从互相陪衬，突出在曲尺形堤岸的凹处，位置和构图适宜。从水上看，假山挺拔峻峭。然而，西园属于尚未完成的作品，对于盆景园之作，一草一木的位置都必须推敲。

图 2-118 江苏扬州大明寺园林分析图

◎ 大明寺的园林就像建在一个盆子里。

图 2-119 江苏扬州大明寺西园

◎ 江苏扬州大明寺西园有一个寺庙园林，此园林建在一个盆地水池内，池内有一个岛，岛上分别建船舫和凉亭，用板桥和桥堤使之相连接。靠近厅有假山一座，园林很有特点，是一个盆景园。

图 2-120　江苏扬州大明寺西园全貌图

5. 济南佛峪

　　佛峪位于济南的东南约 30 余里，有平坦的地势及逐渐进入群山环抱的环境。一涧溪流顺着山谷流出，一路林木繁茂、芳草萋萋。再往深处走，突然展现在眼前的是两崖对峙，进入了一个幽深的山峪，这就是佛峪。佛峪清逸悠深、绮丽多姿、林壑幽美，是一个使人忘尘的世外桃源，也是一个自然风貌的盆景园（图2-121）。古代文人墨客曾给此处提名"岩阿仙境""林壑尤美""别有洞天"……以抒发内心的诗境。

　　早在隋唐时期，佛家就在北面山腹的悬崖下修建了般若寺佛殿、僧房等。虽然寺庙已经毁坏，但是仍能看到旧址和遗留下的廊院。在殿前尚存一个牌坊——"佛峪胜景"。崖腹多数佛像和摩岩铭文，皆是隋开皇和唐乾元、开成年间所作。历代石刻题字也很多，可惜幸存的不多了。

　　佛峪的自然风景，四周冈峦回环，树木耸翠，形成一个"盘谷"。佛殿对面，于山岗上伸出一岭，往下延伸，端部有台地，台上建筑成为殿堂的对景。东侧平地崛起一山峰，称为灵台，俗名钓鱼台。从佛殿石阶蹬道而上，山峰挺拔峻峭，形体秀丽，有一峰参天之状。山巅建亭，取名"听瀑"。从园景上看，加强了风景的构图，形成视角中心，可赏可游，是观赏北边瀑布的最好位置，也是观览全园风光的制高点。石壁上刻有"环翠"二字，周围山岗环抱，绿墙屏障，郁郁葱葱，势如云烟翻滚，青翠欲滴，却有环翠之意。

　　每到深秋，漫山树海变成了红叶锦簇，飞花点彩的艳丽景色，使人流连忘返。东北角有一瀑布，高 10 多米，水从冈峦石崖上跌落而下，在深潭中翻腾，水花四溅，气势磅礴，声震山谷。瀑布的水从大石面急流而下，绕过灵台和其他泉水汇流成一条山涧，贯穿整个佛峪谷地，向西顺流出谷（图 2-122）。

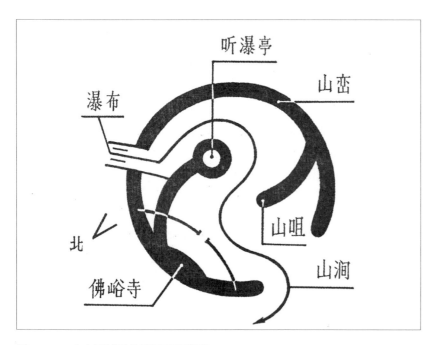

图 2-121　山东历城县佛峪平面示意图

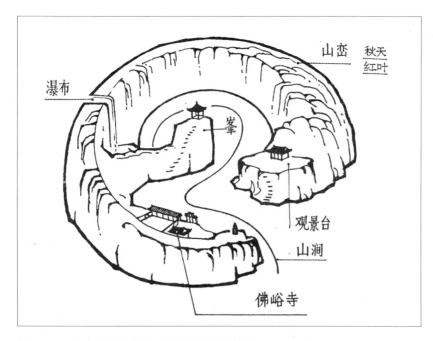

图 2-122　山东历城县佛峪自然园林景观分析图

佛峪之所以优美，犹如一座立体的玉雕，似出于雕塑家之手，淋漓尽致，形象完美，是因为它把自然之美浓缩在尺幅山林之中。它犹如苏州的咫尺园林，在仅有的大自然范围内布局得井井有条，把山水林木安排得那么乖巧。有冈峦、山峰、瀑布、山涧，山势互相回抱，水流萦回贯通。低处蹑水涧里，高处凌空俯瞰，瀑布声响震谷，泉水涓涓始流，盘谷晴峦耸秀，游人穿花渡木，如诗如画，真是绝妙佳景（图 2-123、图 2-124）。

苏州园林以人工创造自然之美，把大自然之美景集中地布置在咫尺园林之中。而佛峪胜境是出于天公之手，把大自然雕琢成为理想的园林，经过自古的佛家之手，在这自然环境中稍加人工点饰，使得佛峪这块自然山林中的"盆景园"，永远成为造园家的胸中沟壑。

图 2-123 山东历城县佛峪入口鸟瞰图

图 2-124　山东历城县佛峪全貌鸟瞰图

6. 扬州小盘谷

　　扬州小盘谷于清光绪年间（1825—1908年）建成，为官僚周馥购自何氏花园重整修理而成。小盘谷主景区在住宅的东部，小盘谷的意境感觉像是一盘水石盆景，那乖巧玲珑的山峦、巧夺天工的石壁，自然幽深的岩洞中，步石或疏、或密、或紧贴、或斜出（图2-125、图2-126）。假山水石浑然，嶙峋苍岩，山路盘旋而上，山峰巍巍耸立，山巅建一亭，名风亭，亭中可环顾东西两园景色，加上树木掩映，成为盘中之谷。山洞的两边架石桥一座，通向两边的亭廊和花厅，做到既组织了游览路线，又分隔了水面。此外，扬州小盘谷对于理水的处理也很成功。假山南侧的水源用树木和花墙组成局部小景（图2-128），致使水源"藏"，

图2-126 江苏扬州小盘谷全景图

◎ 扬州小盘谷园林规模不大，园景也较简单，水池的两侧有湖石假山一座，假山表面槎接自然，整体感较好，有山洞，用曲桥相连通（图2-127）。假山据说出于著名的假山师傅戈裕良之手。

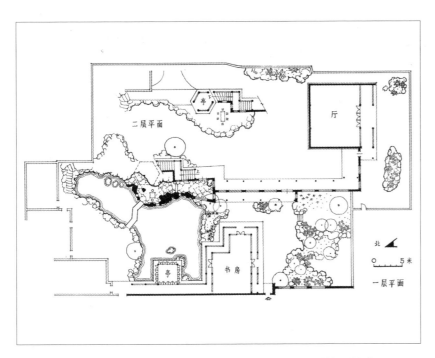

图2-125 江苏扬州小盘谷平面图

图2-127 江苏扬州小盘谷北侧跳石和曲桥通入假山景观图

图 2-128　江苏扬州小盘谷书房东南侧园景图

水流去向含蓄，增加水的深远感，这是我国传统造园中常用的手法。小盘谷假山为扬州园林中的上品，虽然面积不过半亩，水不过一勺，而布局紧凑，假山自然成章，意境合题，叠山技法成熟，特征概括，形象得体，尤其是山洞，叠得自然生动，既可供造园家借鉴，也能提高世人对古代园林的鉴赏水平。

（三）水景园

与山水园常组织风景轴线，形成有一定对应关系的空间布置手法不同，水景园以欣赏水景为主，环绕水面设亭、台、廊、榭，或柳堤隔水，或架桥池上，或凌波矶石，或鹤滩浅水，或池面点石玲珑。孤岛浮水，莲荷香远。水藻鲜嫩，游鱼可数。池岸近水、绿草缓坡。藤萝河边、虬枝探水。溪水潺缓、垂柳轻拂。显水乡

之弥漫，模江南之秀色。无水景物枯燥，景无润色。水景园风景明秀，平澈如镜，布景琳琅，倒影辉映，气氛倍感亲切。

列举实例如下：

1. 杭州西湖三潭印月

在水光潋滟的杭州西湖中，有三个小岛，三潭印月是其中较大的一个岛，面积 105 亩。据记载，苏东坡疏浚西湖时，在湖中心的三个深潭处建造了三座石塔，鼎足而立，以示标记。明代初期二塔都已毁坏，到明万历三十五年（1607 年）才又重建。按历史上的风俗，在中秋月明皎洁的夜晚，塔内点起灯烛，烛光通过塔的圆洞映入水中，好像很多的月影浮动，故称"三潭印月"。

三潭印月是用疏浚西湖的湖泥堆积成堤埂，形成"田"字形。堤埂上树木茂盛，远处眺望形成一个孤岛，岛内分隔成四个水面，成为四个景区。因此历来享誉"湖中有岛、岛中有湖"的盛名（图2-129、图 2-130）。由于树木分隔岛内外空间，自成一块园地，在这些水面上突出地布局了濒水曲桥、拱桥、回形平桥等，在桥上建各种亭榭（图 2-131）。在水面上游览时曲曲折折、高高低低，进出亭桥，增添游趣（图 2-132）。并在桥边点缀假山立峰，水面种植睡莲、菱荷等丰富水上景色。西湖三潭印月风格淳朴玲珑，为我国水上造园的佳作。

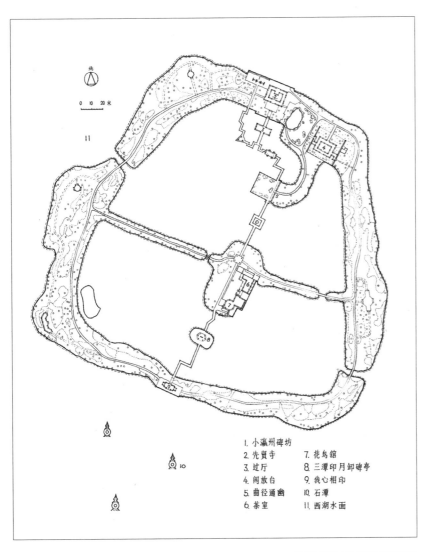

图 2-129　杭州西湖三潭印月平面图

1. 小瀛州碑坊
2. 先贤寺
3. 过厅
4. 闲放台
5. 曲径通幽
6. 茶室
7. 花鸟馆
8. 三潭印月卸碑亭
9. 我心相印
10. 石潭
11. 西湖水面

图 2-131　杭州西湖三潭印月亭桥连接图

◎ 三潭印月是西湖中的一个岛屿，是用西湖的湖泥筑成堤岸形成的，平面呈田字形，用曲桥、亭榭加以连接，通达堤岸。每到中秋时节，潭中点烛，月中倒影，三潭印月因此而得名。此景观造型活泼多变，形成湖中有湖、水面相连的境界，其处理方法值得造园界借鉴。

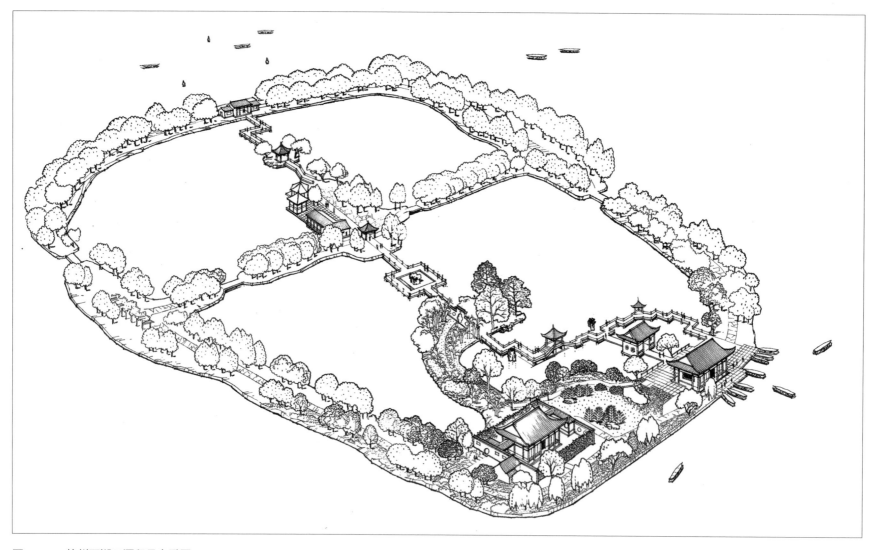

图 2-130　杭州西湖三潭印月鸟瞰图

图 2-132　杭州西湖三潭印月景观透视图

2. 杭州西湖平湖秋月

　　清康熙三十八年（1699 年），在唐朝的望湖亭旧址上建造了"御书楼"，立匾"湖天一碧"，并在楼前筑了月台，称为"平湖秋月"。平湖秋月是西湖十景之一（图 2-133），三面临水领略风光："万顷湖平长似镜，四时月好最宜秋""渺渺澄波一镜开，碧山秋色入杯来；小舟撑出丹枫里，落叶清风扫绿台"。

　　平湖秋月的建筑布局，两侧有曲桥相接，湖边设数亭。园路边的植物配置有开有合：开者，有面向环湖的入口；合者，园路和湖边用绿植分隔成两个全然不同的空间，灵活自然。平湖秋月所以获得较佳的声誉，一方面建筑的处理满足了功能上的需求，可以停留游憩，此外，由于月台近水、亲水，使人感到凌波水上（图 2-134）；另一方面，平湖秋月在选址上非常成功，御书楼面临开阔的水面，"水光山气碧浮浮"，尤其是有明月的秋夜，"寒波拍岸金千顷，灏气涵空玉一杯"。景色非常绮丽，所以有许多诗人、画家留恋于此[①]。

---

　　① 文字中所引用古人诗句参阅《西湖诗词选》。

图2-133 杭州西湖平湖秋月竖向鸟瞰空透图

图2-134 杭州西湖平湖秋月景观图

◎ 平湖秋月是西湖十景中一处有名的景点。如果在这里建造一座景观建筑，等于在广袤的湖面上增加一个制高点的视觉中心或者说是一个构图中心，可能对西湖面貌起到锦上添花的作用。

3. 济南趵突泉

古今著名的趵突泉，早在春秋鲁桓公①时沸腾的泉水已怒瀑而出。《水经注》记载趵突泉水"泉源上奋，水涌若轮"，并赞美说："固寰中之绝胜，古今之壮观也"。直至今天，趵突泉仍然涛涛涌水。欢腾跳跃的趵突泉水，每秒喷涌量为1.3立方米。真不愧为天下第一泉。北宋文学家曾巩等人取了"趵突"来形容涌出的三股泉水，为后人流传至今。清乾隆皇帝南巡时游览了趵突泉，曾题了"激湍"两个大字并封为"天下第一泉"。

① 春秋桓公18年（公元前694年）有"公会齐候于泺"的记载。"泺"就是指这个地方，古称泺水。

济南的地质、地貌为泰沂山系的余脉，泰安以北的喀斯特地形结构，地下湍急的流水喷涌而出，造就了济南市为"泉城"的声誉。趵突泉是济南三大名胜之一，元代著名的书画家赵孟𫖯（号松雪）在济南做官期间，曾写下几首咏趵突泉的诗，其中在"乐源堂"门前的一副对联"云雾润蒸华不住，波涛声振大明湖"。这是七律中的两句，其意为趵突泉云雾喷吐，笼罩了二十里外的华不住，波涛雷鸣般的水声震荡大明湖。重点描写了趵突泉波澜壮阔的声势，虽然言辞过于夸张，出于文学家的描写却能勾起对于水景园意境的深远回味，把人们从有限的空间引向广阔的天地。

在三股泉水的周围，有华丽的古建筑，亭桥廊树环抱，建筑物临架水上，以资游憩眺望，近水观澜（图2-135）。坐北朝南的主体建筑为乐源堂，是一座明代道观建筑，前出抱厦，南向有水榭长廊，廊内景窗镶嵌作为装饰，主体是两层五间带回廊的歇山屋面，色彩瑰丽，造型别致。在同一轴线上坐南朝北新盖的水榭和廊子，同乐源堂隔泉相望，两侧有观澜亭，能顺石阶近水亲泉。泉水倾泻西北河谷，垂柳拂拂颇感深邃。东侧为"来鹤桥"，桥上有木牌楼一座，玲珑精巧（图2-136、图2-137）。木牌楼上南北分别刻有"洞天福地"和"蓬山旧迹"的匾额。池中三股趵突泉水汹涌而出，十分壮观。泉池清澈见底，时不时能见到晶莹的珍珠水泡，串串浮水，游鱼贯穿其中，自由回往。水草鲜嫩多姿，掩映着透水的阳光，令人陶冶心情。西南角水面上有"趵突泉"石碑，是明代书法家胡缵宗的字迹。两墙上还镶嵌"观澜"和"第一泉"石碑。丰富了园景的观览内容。

趵突泉是一处观赏泉水从水池里不断喷涌的奇异现象的景观。趵突泉水景主体鲜明突出，景象空间组织简洁，建筑布局严谨，主次分明，参差有致，泉水趵突汹涌，是全国水景园中少有的奇观，不愧为一座经典园林。

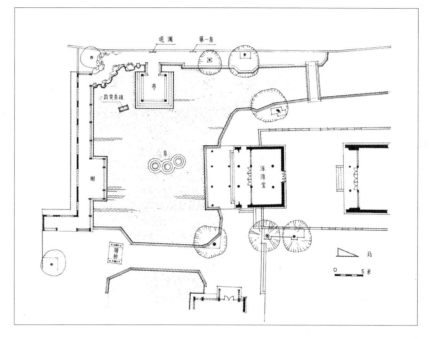

图2-135　山东济南趵突泉平面图

图2-136　山东济南趵突泉鸟瞰图

图 2-137　山东济南趵突泉全貌

4. 苏州网师园

网师园始建于南宋时期（1174 年），旧为扬州文人史正志的住宅花园。他曾官至侍郎，晚年到苏州建园，称"渔隐"，去世后园子逐渐荒废。到清乾隆年间（1770 年），宋宗元（也是退位的官吏）购置了一部分，建成此园，采纳了"渔隐"的含义，又因园子的位置近"王思巷"，取了相似的读音，定名为"网师园"（注："网师"是渔翁的称呼，有"渔隐"的含义）。后又兴废数次，终于保留到现在。

网师园主景区的风景结构，南北方向由两条风景轴线组成。一条是东侧的小山丛桂轩—假山（云岗）—水—竹外一支轩—庭院—集虚斋，以竹外一支轩为观景点，隔水的云岗为景观。另外一条是西侧的濯缨水阁—水—钓鱼台—假山—树景—看松读画轩，这一组以濯缨水阁为观景点，隔水的钓鱼台、假山树景为景观。这两组风景轴线，景观和观景的关系，顺序相互交换，对景相互呼应，从而构成了空间的风景骨架。两侧再点缀适当的亭廊，形成了主体空间的布局（图 2-138、图 2-139）。

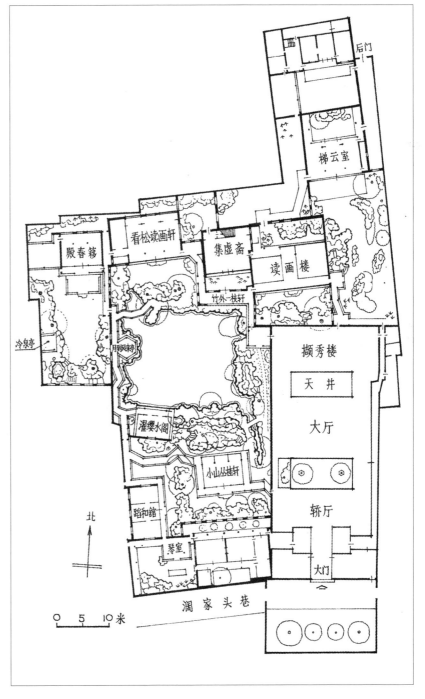

图 2-138　苏州网师园

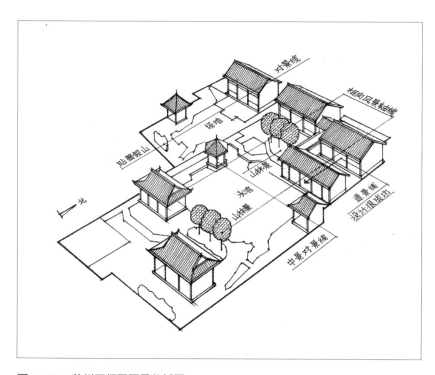

图 2-139　苏州网师园园景分析图

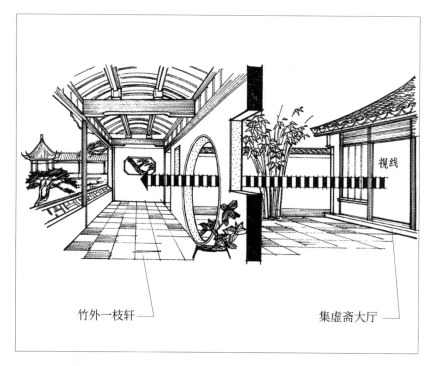

图 2-141　苏州网师园从集虚斋厅内透过竹外一枝轩外廊看园内景色的景观分析图

　　网师园水域的面积约 400 平方米，在水域面积不大的情况下，尺度概念是个重要的因素。水池四面布置的简单亭廊，都处理成了临水建筑，其体量都很小，目的在于统一空间尺度。把较大的厅堂和楼房都适当后退或隐蔽，都是为了获得空间扩大感而采取的有效措施。水边亭廊空透玲珑，墙面虚实相间，构图富有韵律（图 2-140）。

　　竹外一枝轩外形成廊，与集虚斋之间由庭院连接。为了使集虚斋空间隔而不蔽、透而不敞，将竹外一支轩的北墙处理成窗洞和月洞门，庭院内竹影潇洒，空间感觉完整。在集虚斋内也可以看到轩外水景，在视线上取得沟通（图 2-141、图 2-142）。水岸的处理做到了近水、亲水和不尽之意的效果，把水面处理得让

图 2-140 苏州网师园鸟瞰图

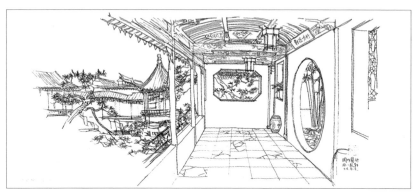

图 2-142　苏州网师园竹外一枝轩廊内外景观图

人看不到边际，尽可能地把山石悬出水面，浪水探入山石之间，池水深入亭廊之中，造成水域宽广幽深莫测的幻觉，扩大空间感。

竹外一枝轩北边做了钓鱼台，石组高低错落分层叠置，山石平坦地伸入水面，人能近水，颇有画意。

网师园水面近乎方形，为了打破水形的呆板局面，于东南和西北角处理了两个水湾，并架桥于水上，使其水形活泼，有源有流，来龙去脉交代清楚，让人对水产生不尽之意。因此，网师园虽一勺之水，经过造园家各个方面的处理，获得了辽阔深广之感。

在网师园的空间处理中，除假山池岸的处理非常成功之外，植物配置也是很成功的，如竹外一支轩的斜角上配置了一棵松树，活跃了死角，丰富了建筑景象。看松读画轩南面配置自然山石和白皮松，成为轩内很好的景观，由于树态探水，同曲桥和月到风来亭形成了优美的构图（图 2-143 ～图 2-145）。

注：①图 2-141 此处运用了透景的处理手法，把两个景观通过一个园洞门链接起来。②图 2-143 这一景观运用了山水画中对桥的处理方法，在桥头种树。

图 2-143　苏州网师园月到风来亭和白皮松景观图

图 2-144　苏州网师园射鸭廊景观图

◎ 网师园射鸭廊亭前配置一颗松树，姿态向水池中倾，是园景精品，也是苏州园林植物配置典型的成功之作。

图 2-145　苏州网师园殿春簃跨园园景图

5.南京莫愁湖莫愁女水景园

　　金陵名胜莫愁湖，湖中的主景就是以莫愁女这个历史故事为主题的雕塑形象，来感染人们。从造园学的角度来分析，它属于以人物雕塑为主景的水景园。

　　古代南朝梁武帝《河中之水歌》中传说："河中之水向东流，洛阳女儿名莫愁。莫愁十三能织绮，十四采桑南陌头，十五嫁为卢家妇，十六生儿字阿侯⋯⋯"[①]，传说中的莫愁女原是一个农家女子，她远嫁卢家，是为了葬父而将自身卖与卢家做媳。父死，被逼背井离乡，心情非常痛苦。婚后刚生下儿子，丈夫又被征赴边疆。她的遭遇和经历使她倍感忧愁，然而她把精神寄托于扶邻助友、济难行善，莫愁女高尚的情操被世人传诵。莫愁湖就是人们为了纪念莫愁女而建造的水景园。

　　莫愁湖中胜棋楼西侧，为莫愁女故居——郁金堂，再向西过洞门便是一泓清池，池中莲荷清溢，一尊汉白玉莫愁女塑像亭亭玉立，神态娴静端庄，容貌婵娟，捧桑而立（图2-146）。人们瞻仰莫愁女的形象，怀古之情不免油然而生。除了她动人的故事情节和栩栩如生的雕塑形象外，园林环境起了重要的烘托作用。莫愁女塑像立于水院中，明镜清澈的水面，倒影摇曳，使雕像更为生动。夏日池内荷香清溢，莲花绽蕾，分外妩媚。水院以古朴的建筑为背景，院落的风格恬静素雅，清幽宜人，从而使莫愁女的艺术形象更加亲切传神。

水院建筑坐北朝南，有"荷厅"，南向有敞厅，东西连围廊，郁金堂和水院之间用圆洞门联系，设半壁亭为空间过渡，一方面出于功能的需要，另一方面也活跃了建筑气氛。西廊中部设雕栏园洞门，莫愁女塑像的位置恰好在东西两园洞门的轴线上，两者在景观上取得相应的联系（图2-147）。西北角高耸一亭，为水院的兜角，在亭中不但能鸟瞰园内景色，同时也能领略莫愁湖西北面宽阔的水域，心胸顿觉分外开朗，将莫愁女水院的有限空间引向无尽的广阔境界，造成水面聚散开合的层次变化，为我国园林艺术的造诣所在。

莫愁湖园景简洁，仅在水面中央立一尊莫愁女雕像，主题明确。莫愁湖虽然园景简单，但是周围的建筑高低错落、丰富多彩、造型各异，它们相聚一堂达到既变化又统一，这就是中国传统建筑的魅力。

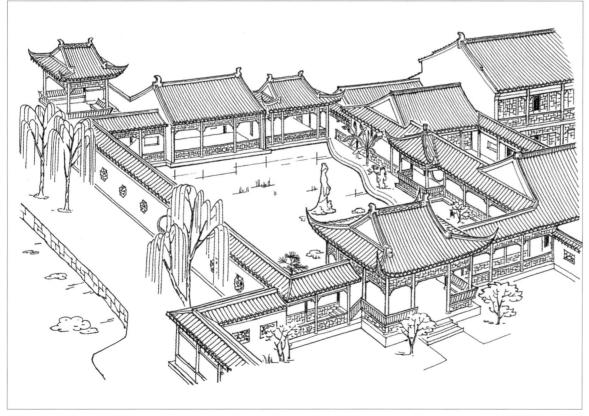

图2-147　南京莫愁湖鸟瞰图　　　　图2-146　南京莫愁湖莫愁女雕像图

6. 江苏常熟曾园

江苏常熟曾园是一座私人园林，始建于清末。原为明万历年间御史钱岱小辋川旧址，清官员曾之撰营为家园，号"虚霩园"，别称"曾家花园""曾园"。园景是以水榭为主景的水景园，右侧有假山和山亭，可惜没有在视觉中心构成良好的视觉效果，同时远处的常熟虞山上有辛风亭，也没有成为园景中的组成部分。比如无锡寄畅园借惠山为远景，顿时园内的山景和园外的山林互相呼应，形成深远的园林景观，是一个非常好的实例。曾园虽然也能看到虞山和辛风亭，以此为借景，但是景物关系没有那样密切可控，如图2-148～图2-153所示。

再如清末台湾首富林本源庭院（图2-154），庭园的布局是中国传统园林的布局方式，亭台楼阁水榭曲桥，白墙黑瓦朴质无华，园貌上乘，不过还达不到中国经典园林的水平。

图2-148　江苏常熟曾园园景图（一）

图2-149　江苏常熟曾园园景图（二）

图 2-150　江苏常熟曾园鸟瞰图

图 2-151 江苏常熟曾园右侧假山和方亭景观图

图 2-153 江苏常熟曾园中的游廊图

图 2-152 江苏常熟曾园附属建筑图

清末台湾首富板
桥林本源庭园

1994.2.3.

图 2-154 台湾林本源庭院鸟瞰图

（四）以建筑为主景的山水园

以建筑为主景的山水园，是以景区内的主要建筑为观赏对象，如瘦西湖的五亭桥，为景区的构图中心，也是风景的焦点，三面布置观赏点，隔水对峙。遇到这种情况，往往建筑规模较大，或所处的位置重要，而其他园林要素山、水、植物等都处于从属的地位。在满足园林艺术的前提下，建筑以其造型或体量形成独立的景观，其规模占了绝对的优势，在水面的衬托下，建筑和倒影互相辉映，盎然如画（图 2-155 ~ 图 2-157）。

列举案例如下：

1. 镇江金山寺

镇江金山寺建于东晋，位于长江南岸，坐落在金山上，与甘露寺遥遥相对，建筑规模壮观（图 2-158、图 2-159），在佛教界历史中有相当的盛誉，寺内有常住僧侣数百人，涌现了不少对佛学有研究和有造诣的名僧。

唐代高僧法海到金山寺后，由于庙宇已全部毁坏，住在山洞度日。一次，他在山上挖得黄金，上交给知府李绮，李不敢私得，上报皇帝，皇帝赦令把黄金交给法海作为修复庙宇的经费，并赦名为"金山寺"①。金山寺流传着很多美丽动人的神话故事和历史传说，如：白蛇传中的白素珍水漫金山寺、梁红玉擂鼓战金山等，给金山寺增添了神秘色彩及游览兴趣，使人流连忘返，赋予了名胜古迹的风景点以强有力的生命。这些都是园林内容的组成部分，反映了我国园林的文化特征。

金山寺的建筑规模很大，亭台楼阁、殿堂庙宇设置齐全（图 2-160）。由于历代数次发生灾害，大殿多已损毁，中华人民共和国成立后重新整修。

① 参阅 1979 年《镇江园林》石炜同志写的金山胜迹。

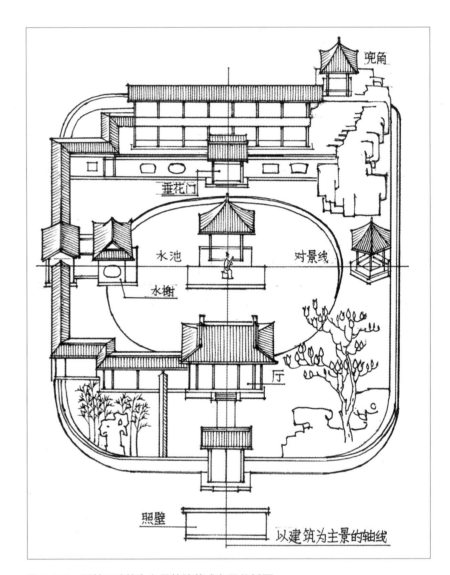

图 2-155　园林以建筑为主景的院落式布局分析图

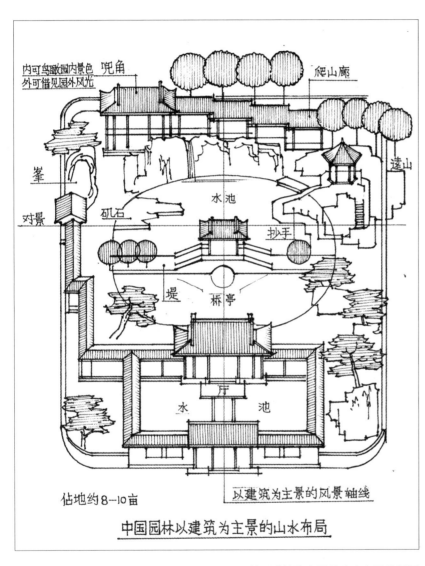

图 2-156　园林以建筑为主景的山水布局分析图

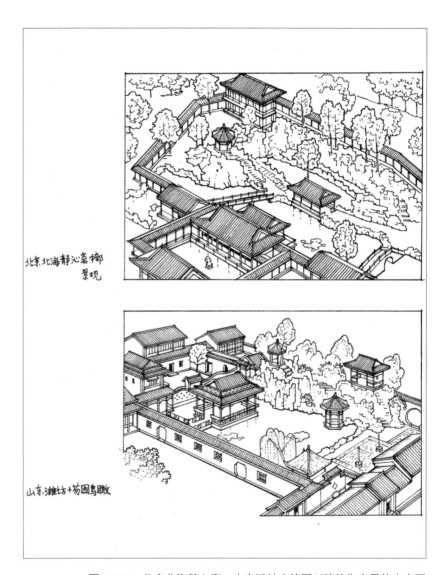

图 2-157　北京北海静心斋、山东潍坊十笏园以建筑为主景的山水园

图2-158 远望金山寺、甘露寺景观图

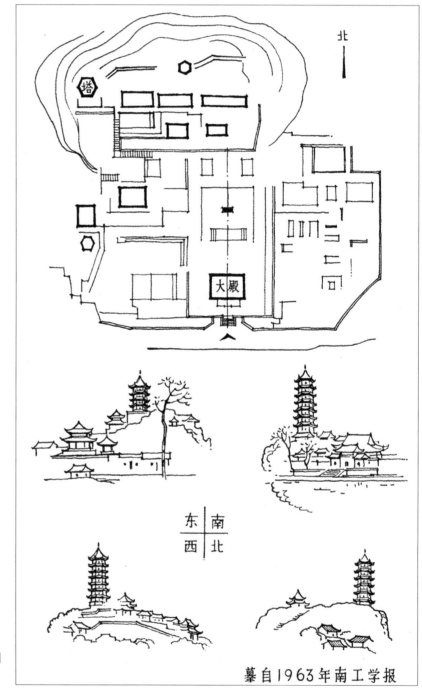

图2-160 江苏镇江金山寺总平面图和金山寺塔四方立面图

◎ 四个立面插图是根据1963年的1月号南京工学院学报重新绘制。

摹自1963年南工学报

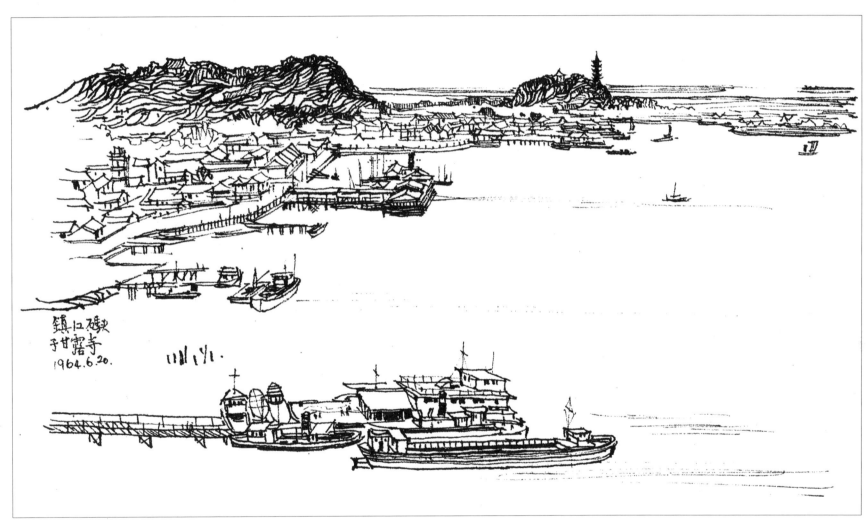

图 2-159 江苏镇江码头远眺金山寺景观图

金山之巅耸立着一座宝塔，初建于齐梁，距今约1400多年，名慈寿塔。清末光绪二十六年（1900年）重修，木结构7层重檐，设楼梯上下。慈寿塔选择的位置很好：东望长江，郁郁葱葱的焦山立于江心，北固山的甘露寺历历在目；南瞻城市炊烟，群山峰峦层叠；西边眺望长江宽阔水面；北瞰扬州古渡。慈寿塔塔形小巧玲珑，造形美观，和山顶建筑组成建筑群。四个方向与山的形状构图完美、体量适宜、比例恰当，是我国古代劳动人民卓越智慧的成就（图2-161）。

小金山慈寿塔矗立伸入江中的半岛上，从寺内远眺形成良好的景观，从长江看塔的形象更加美丽动人，成为江中的主景。从甘露寺遥望金山，慈寿塔也是重要的借景（图2-158）。虽然金山寺属于佛教胜地，但慈寿塔和金山形成了优美的建筑构图形象（图2-162），在长江这一广阔的水域中形成以建筑为主景的重要景观，对于造园造景都有参考意义。乾隆皇帝于承德避暑山庄内造小金山的景观就是借景金山，再现于宫廷苑囿之中，成为山庄内成功的一景。

2. 扬州瘦西湖五亭桥

瘦西湖五亭桥建于清乾隆年间（1770年）。当时乾隆皇帝屡次南巡，为了见宠于皇帝，瘦西湖河流上大肆建筑和造园。自瘦西湖至平山堂一带更是兴盛，所谓"两堤花柳全依水，一路楼台直到山"，可见规模之大，园林之盛。

白塔和五亭桥是其中的一组游览建筑。借北京北海的白塔、永安桥和五龙亭的意图，建造了相似的小白塔和五亭桥（图2-163、图2-164）。五亭桥造型美观、比例得体、红柱绿瓦、色彩瑰丽大方，桥墩空透，拱圈成韵。建筑风格既带北方之浑厚，又有南方之秀丽，兼抒南北方之特点，自成一格，造型已达到了成熟的地步。

图2-161 江苏镇江金山寺风貌

图 2-162 江苏镇江金山寺鸟瞰图

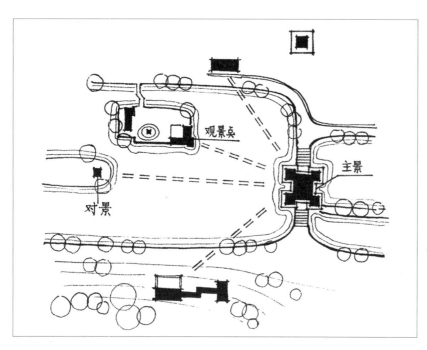

图 2-163　江苏扬州瘦西湖五亭桥景区平面图

　　瘦西湖是从扬州市区通向平山堂的一条河流，两岸园林风景有断有续，自然风光绚丽。瘦西湖是途中一个风景高潮，水面也比较开阔。五亭桥是瘦西湖湖面的主要建筑，并形成了这一景区的构图中心，成为主要的景观和瘦西湖的特征（图 2-165）。东有吹台亭，为五亭桥的对景，三面有园洞门，桥亭和白塔恰好在园门构图之中，丰富了园景（图 2-166、图 2-167）。南北两侧分别设置了次要观景点，有近水仰视的水榭和高坡俯视的殿阁。五亭桥主景区景物关系简洁、主次分明、远近相宜、园景自然成趣，构成以建筑为主景的园林空间。

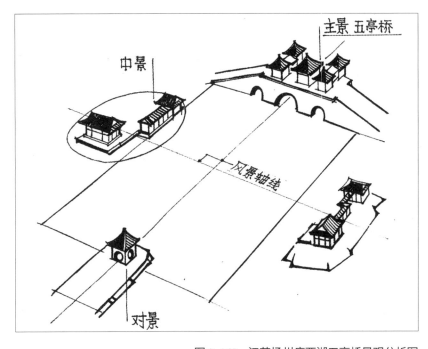

图 2-165　江苏扬州瘦西湖五亭桥景观分析图

图 2-164　江苏扬州瘦西湖五亭桥鸟瞰图

◎ 五亭桥的由来：扬州盐商听说乾隆皇帝要到扬州，盐商们按照北京北海的五亭桥，相聚在一起建成了扬州瘦西湖的五亭桥，从园林造景和变体建筑来说都是一次成功的创举。

图 2-166　江苏扬州瘦西湖五亭桥景区景观图

图 2-167　江苏扬州瘦西湖五亭桥景"吹台"对景图

3. 扬州个园

扬州个园由清嘉庆时期富商黄应泰所建。个园是住宅的后花园，入园后左右有两个花坛，满植翠竹，竹间点缀数条石笋，石竹相间。"更容一夜抽千尺，别却池园数寸泥"，显然竹子是象征春景的。竹以花墙为背景，墙的中部有园洞门，门楣题额"个园"，其用意是符合竹子的叶形（图2-168）。

注：对于景观石头的搭配，竹子配的是石笋，而松树配蜗牛石。

个园的造园布局（图2-169、图2-170）如下：中部有桂花厅，为全园的主体建筑（图2-171），位于园门的轴线上。北有水池，隔水建七间北楼，并东连两层亭廊，规模可观（图2-172），为当时主人在园内接待商客所用；楼前设水池，通水假山，池东侧建六角亭，陪衬主体空间的风景。北楼两侧布置了两座假山，西侧假山用湖石叠成，有盘道可登楼层，山下局部有水岩洞，架石板桥于洞内引出，借湖石的青灰颜色，色调清凉，称为夏山；东侧连接楼廊，假山用黄石叠成，盘道曲折，形势险要，山内有石室。假山颜色呈红色，颇有秋意，称为秋假山，在明媚的阳光照耀之下，宛如一幅秋山登高图。此外个园还有另一组假山用白色方解石叠成，象征雪意，配合枯藤老树，构成冬景景象，因而称为冬假山。与主体空间景观上有联系的，东南和西南两处各有角楼：东南角楼连接假山，可登山而上；西南角楼则环廊迎风，竹树遮掩，组成一景（图2-173）。个园主景区的风景结构虽然有春夏秋冬四季假山的特色，但由于假山对于北楼来说是属于从属品，景象空间中建筑所占的比重和所处的地位，构成风景景观的主体。因而，对于桂花厅主要观景点来说，北楼及假山就成为以建筑为主体的园林景观。

扬州个园是江南私家园林中的优秀作品，是扬州园林的代表作（图2-174）。

图2-168　江苏扬州个园春景园园景图

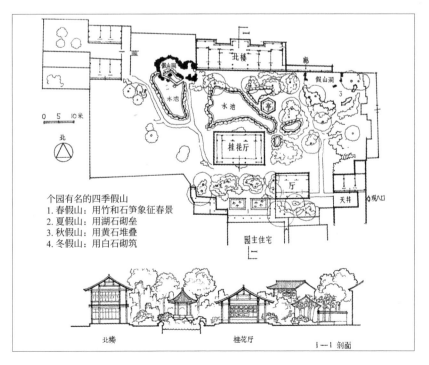

个园有名的四季假山
1. 春假山：用竹和石笋象征春景
2. 夏假山：用湖石砌垒
3. 秋假山：用黄石堆叠
4. 冬假山：用白石砌筑

图2-169　江苏扬州个园平面和剖面图

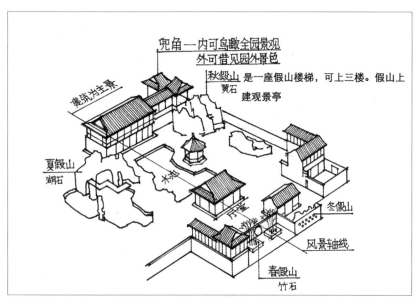

图 2-170 江苏扬州个园园景分析图

图 2-172 江苏扬州个园北楼园景图

图 2-171 江苏扬州个园桂花厅透视图

图 2-173 江苏扬州个园西南角住宅景观图

图 2-174　江苏扬州个园鸟瞰图

◎ 个园中有著名的四季假山：春假山在竹林中立石笋作为春景假山；用湖石堆叠夏假山，假山中建筑山洞，曲桥穿行其间，规模较大，假山水平优良；秋假山是用黄石堆叠而成，造一座假山楼梯，可上二楼观景亭观景；冬假山用白石堆叠而成。

4. 扬州寄啸山庄

寄啸山庄又名何园，清光绪年间（1875—1908 年）为一官僚何芷舸所建住宅的后花园，是当时负有盛誉的名园之一。此园主体空间除西面平房、西南角假山之一外，其他几面都是厅楼横列、复廊回绕（图 2-175、图 2-176）。扬州园林景观以建筑为主的居多，相比苏州文人花园，扬州商人花园的建筑更多，建筑功能更加具体。

何园的入口在东面，厅堂在东面，西面是一个花园，南面有一个跨园（图 2-177）。建筑中以北厅楼为主，两侧连配楼，接东北角楼，东面用复廊分隔园的两个景区。南面是住宅楼背向的半壁廊，西南角廊房向南曲升，平面呈曲尺形。建筑空间中布置水池，池东筑"水心亭"，是四周围廊的视角中心，作为赏月、演戏之用。八月中秋走廊张灯结彩，所有客人都在走廊中观看表演，视点集中（图 2-178）。

何园是晚清的作品，是官僚富商招待宾客的场所，追求富丽堂皇，因而建筑规模宏大，细部雕琢繁琐，园景方正简单（图 2-179）。

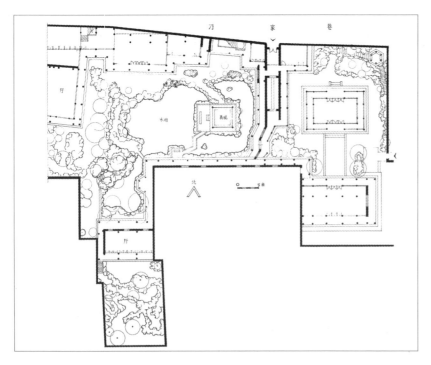

图 2-175　江苏扬州寄啸山庄平面图

图 2-176　江苏扬州寄啸山庄景观分析图

图 2-177　江苏扬州寄啸山庄入口处漏窗和窗外假山石小品图　　　　　　　　图 2-178　江苏扬州寄啸山庄戏台和园景图

图 2-179　江苏扬州寄啸山庄鸟瞰图

◎ 扬州曾是京杭大运河上的一个商埠，盐业很发达。个园和何园的北楼都是两层楼房，规模较大，估计除用来接待宾客外，还用作洽谈商务。苏州园林就没有这种规模的建筑。何园是一
座私家园林，水池的岛上建一亭，亭前设小平台作为表演舞台，周围的廊屋内均能观看。每逢佳节，廊内张灯结彩，高朋宾客满堂，廊内雅座观看表演，体现了园林特质魅力所在。

5. 潍坊十笏园

十笏园位于山东潍坊市内，是潍县豪绅丁善宝于清光绪十一年（1885 年）修建的一座私家花园。丁氏当时是内阁中书、举人，善诗文，拥有规模很大的宅邸。十笏园是在宅邸中的一座小型花园，宅邸的后花园已全部圮废。据丁氏自撰的《十笏园记》中记载，这块地原来是明代潍县显官胡四节的故居，南有厅，后有居室，但均颓圮，中有三开间的楼尚完好，经修葺，题名为砚香楼，为当时藏书之所。丁氏素有濂溪之好，喜爱咫尺山林，园记中载"汰其废厅为池"，将南厅拆除，挖池堆山，经营造园。园子布局紧凑，东侧堆假山一座，岩壁险要，山上立奇峰，形似朝笏，故名"十笏园"。

十笏园是一座以建筑为主景的山水园，是在旧宅的基址内经改建而成。东侧是丁善宝的居室，称"碧云斋"，西侧的前部为招待宾客下榻之处，后部为丁家的私塾——"深柳读书堂"。十笏园北部为砚香楼，楼的两侧增建春雨楼，为丁家的闺房绣楼。南部为十笏园主景空间，是单一的景区，景区和砚香楼之间用一扇花墙分隔，中部设门洞以取得视觉上的联系，对于后院和东西邻院均未做园林景物的处理（图 2-180）。

十笏园主景区的景观面积约一亩多地，园林景观仅在东西 25 米、南北 30 米的范围内布置（图 2-181），比江南私家园林中主景区的平面尺度还小，已经到了最小的造园尺度。十笏草堂是全园的主要厅堂，由于南临街道，已无余地构成庭院，草堂南向为后墙，北面设门窗形成倒座。在草堂内观景，正是顺光，景物面清晰悦目，这种布局方法同苏州的古典名园拙政园、留园和扬州的个园等是一致的。草堂前有活动余地，栽花莳竹，丰富园景。

十笏园景区院内水池约占一半，四照亭位于水池中。它和十笏草堂、砚香楼形成一条轴线，成为十笏草堂的主要对景，也是

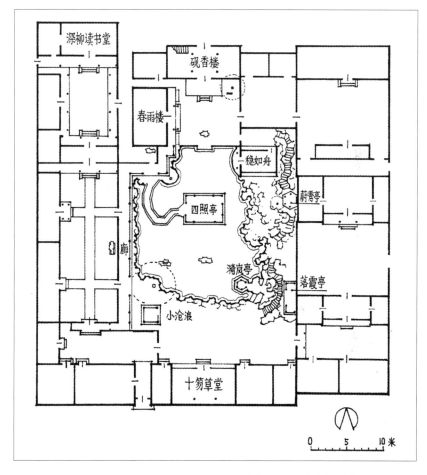

图 2-180　山东潍坊十笏园平面图

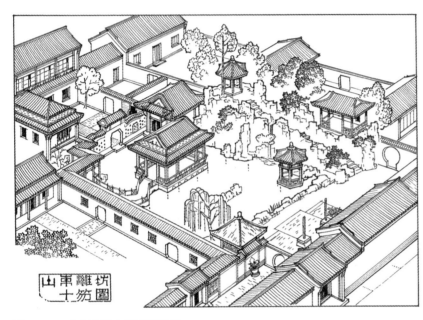

图 2-181　山东潍坊十笏园鸟瞰图

◎ 十笏园是一座北方的山水园林，景观布局良好，假山、景物小巧玲珑，具有江南园林的特征，在北方地区是一座不可多得的园林。

图 2-182　山东潍坊十笏园园景图

全园的构图中心。所以十笏园园景的性质，构成以建筑为主景的山水园（图 2-182）。四照亭为三开间的水榭，四面均设坐凳靠，可以环顾园景，凭栏观鱼。该亭是由一座三拱平桥相联系，桥的另一端通北岸游廊，这种处理形式近乎桥堤的意思。四照亭的东南水池中，池岸向水中延伸了一个小岛，岛上建"漪岚亭"一座，六角形平面，乖巧玲珑，柱子间距为 75 厘米，檐高约 2 米左右，建筑尺度已到了极小的程度，而在水池中起到了重要的点缀作用。四照亭的东北隅建船厅一座，由于地处局促，位置比较隐蔽，这是借鉴苏州古典园林船舫的造意。从四照亭坐凳的布置看，当时稳如舟和四照亭之间是有桥联系着的。

十笏园的两侧和西院之间用游廊来分隔空间，为了使主景区的视野有较完整的效果，设计成单面游廊，在西墙上开八角门洞，分别为四照亭和漪岚亭的对景，也是通向西院的重要通道。

十笏园属平地造园，在一亩多地内，要获得小中见大、山水之胜，需要周密的布局。由于四照亭的位置已定在十笏草堂和砚香楼的中轴线上，东侧面积略大于西侧，为了得到左右平衡，将挖池的土堆于东侧是合理的，而且将土靠墙堆放，都是在小空间内获得最大空间感的有效措施。

十笏园的假山是土包石假山，山脉由南向北渐高，蹬道随势而上，依势而下，假山东侧靠墙，西侧立壁插水，岩壁挺拔险峻，有高山之感。东侧的假山规模较大，山上设水池，瀑布悬崖，倾泻池中。山巅建六角蔚秀亭一座，立木配置，假山主峰高 4 米多，周围峰石耸峙，虽然经过重修已失去原貌，但尚能看出浑厚险要的造型。假山的堆叠手艺并不高明，但也不算丑陋。池岸岸壁用石堆叠，曲折自然，与山石的自然风貌相协调。

近年来为遮掩东院建筑的山墙，在假山的南端建亭一座，名为落霞亭，体量位置都比较恰当，在空间中起到了良好的构图作用。十笏园的西南角有一座草亭名为小沧浪，此亭起到填补死角的作用，在亭中也能猎取全园景色。

十笏园造园空间的艺术性，在于建筑的主次分明，以四照亭为主景，前有漪岚亭为近景，远景有春雨楼和砚香楼为背景，使远景层次深邃严谨。观景视点的处理，高中低兼顾，在景观上能在不同的部位赏景。春雨楼为园林的兜角，和砚香楼可俯视园景，蔚秀亭在山上，不但能鸟瞰全园风貌，同时也能借城外远景程符山、孤山之秀色。中景有近有远、有明有隐，层次对比分明。低点漪岚亭贴近水面，能俯察游鱼。在造园空间的艺术处理上加强了立体轮廓，使园景高低错落有致、活泼丰富。在处理建筑尺度方面，四照亭距离十笏草堂20米，亭全高4米左右，从草堂看，在舒适的视角高度内，在40米处的砚香楼为视点的归宿。所以感觉不到空间局促。同时也注意了四照亭的开间、檐高的尺度，使之不能过大。将蔚秀亭、漪岚亭和落霞亭缩小到最小的尺度，烘托着主体建筑四照亭，形成建筑尺度的对比。没有高山，不显平地，有低才有高，有小才显大，这是对比在其中起了作用。

十笏园的造园借鉴了江南一带的私家园林和北京的皇家园林，并结合当地的实际，经过精心设计而得到的效果。比如厅堂和景观的关系，以静观为主的景象空间，楼阁依次于厅堂之后，咫尺山林，小中见大的处理手法，叠山理水和寄情山水的意境，庭廊的布置等，都同江南一带的私家园林属于一个思想体系。但是在苏州园林中还未见过以亭榭为主景的山水园，虽然与扬州的个园建筑具有类似之处，但个园的桂花厅未坐落在水中（图2-169、图2-170）。而更接近十笏园造意的是北京北海的静心斋、沁泉廊和枕峦亭，其布置有类似之处。可见十笏园的布局是借鉴南北方园林的特色而营建的（图2-182）。

论十笏园的风格，园景集南方之秀，北方之浑厚，比较起来以北方为主，属北方的风格。从建筑形式上看比较稳重，屋角平缓。楼宇、台基和曲桥不像苏州园林那样空透洒脱。建筑色彩和装修也不像南方园林那样清淡雅致。假山的堆叠较为浑厚，峰峦高峻。此外，十笏园的建筑造型有其独到的地方风格，如四照亭和春雨楼的屋顶重檐叠置的做法，是南北方园林中的孤例，和当地的民居都用草顶檐口接石板的做法有类似之处。亭楼借鉴了民居的造意，因而形成了潍坊十笏园特殊的地方风格。

十笏园的造园艺术，其建筑布局、比例尺度和空间处理等方面，总体效果是成功的。当然，若尺度大些，效果会更好。

二、次景空间

一些大型的古代园林，除主体空间组织成各种风景外，往往伴随着功能的需要，诸如书房、宴客、游憩等组织成若干个次景区，如北海的静心斋东西两个跨院（详见后文），随书房的要求于东侧辟一个安静的书院，西侧布置成服务用房。在两个跨院中处理假山水池。东院中靠廊子的西墙，布置靠壁假山，峰峦有致。

从风景结构看，有和假山相结合的形成山景院，如上海豫园的翠秀堂，就是山林环境中的一个次要空间，借山水画中的深山殿宇，在建筑物周围叠石堆山，如置身于幽静的空间意境之中（图2-95）。

像这样的做法，在故宫的乾隆花园中三友轩、翠赏楼也是同例，但由于假山过于逼人，前庭过于局促，效果并不好；有的将主体空间中的水贯穿于次要空间，组织成水景，如拙政园中部的见山楼景区，是主景区山水空间中水面的延续，其景物的布局方法，是在水的纵深方向的两端设观赏点和对景——见山楼和以香洲为中心组成的景面，见山楼环顾山林环境，船舫停泊湖边，一片水乡风光，曲桥隔水与荷风四面亭成为中景，远处小沧浪树木掩映、曲廊婀娜、风景含蓄深幽，登上见山楼，顿觉眼界一开，院内外景色尽收眼底，亭台楼宇隐现于苍翠茂林之中，水面宁静清澈，历历倒影，园貌风韵潇洒（图2-70）。

中部的小沧浪和西部的波形廊两个水院（图2-71、图2-73），也是次要空间造景中的两个范例。小沧浪一区，廊桥跨水，两亭辉映，回廊缭绕，虚实相间。建筑物"小沧浪"沉流水上，凭栏北望，通过廊桥将荷风四面亭纳入廊框，成为透景，树枝叠叶遮掩，使空间伸展，景象深邃。南望一湾水面，含蓄藏里，树木古朴，景象苍野。波形廊一区，水的纵端处有倒影楼，水光反射入室，波影成趣。东侧廊子上下蜿蜒起伏，卧波水上，使水面有不尽之意。在廊子曲折的突出处，使廊近水，建筑敞口，屋面另做处理，称钓鱼台，匠心独到。廊和墙之间留出天井，栽植芭蕉数株，使廊子曲折玲珑。宜两亭成为倒影楼前隔廊的远景，透过空廊可以看到山峦苍姿，秀亭矗立，和透廊构成较好的立体形象（图2-73）。

次要空间的造景随着造园意图的性质而千变万化。上海豫园点春堂前后，各殿堂之间所组成的以建筑空间为主的，配合假山、水池、花墙前小景，处理得琳琅满目，可赏可游，别有一番造意。由于东侧园墙为界，景物着重在东侧布置，西侧则为游览路线并联各厅堂之间的景区（图2-87）。

从空间的性质看，次要空间可以分为园中园和庭院两种形式。墙和廊是组织空间最有效的常用手法，往往以一墙之隔和一廊之隔，形成两个截然不同的空间，使园景环环相扣，变化无穷。如拙政园东侧的枇杷园，就是与主体山水园的景物截然不同，自成独立体系的园中园。它的空间性质也是一个庭院，再用墙或廊围成海棠春坞和听雨轩（详见后文）。院内山石树木的布置随着意

境各异，海棠春坞配置海棠，听雨轩配置芭蕉。又如网师园殿春簃，当从看松读画轩南的牡丹台进入门洞，就好像到了另外一个天地，使人感受到这是一个娴雅、别致、亲切的庭院。当花台中的芍药含苞怒放的时候，庭院的秀色犹如少女的青春，露出盎然的春意（图2-145）。庭院中墙布置了一些山石小品，点缀了半壁亭，配置了色、香、声、姿各具特色的植物。景物墙布置，一方面争取了院内空间，另一方面也构成了一幅连续的立体小品画。这种庭院布置，是我国造园艺术中的精粹。

园林景区一方面可以按设计的意图组织景象，另一方面当周围的自然环境可取时，应该开拓视野，纳园内外景色为己有。有平展水景的，如苏州的沧浪亭，将园外的水面组入景区；有踞高俯视的，如西泠印社的精庐建筑形成曲尺形，庭前配置庭荫树数株，设石桌石凳，便于眺望西湖景色（图2-105），室内可北望西泠桥风景，使建筑、庭院和周围风景密切地结合起来，成为空间意境的组成部分。

（一）园中园

用通俗的话来说，园中园就是大园林中的小园林。园中园是统一在整体园林创作思想中的一个组成部分，是组成景区的一种手段，其特点在于造园中具有相对的独立性。景区自成一体，别有一番造意，成为园中之园（图2-183、图2-184）。

比如北海公园的静心斋（旧名镜清斋），是大型皇家园林中的一个封闭小园，具有江南私家园林咫尺山林的特点，与北海公园开朗的风景恰好形成强烈的对比。园中园的布局常利用山、水、建筑和树木，设置盘曲的路径，经过一番盘绕之后，突然见到另一种风光全然不同的环境，境界焕然一新，致使游兴倍增。北海公园东岸的濠濮涧，经过曲折的山岗，潜藏着一个静谧玲巧的小

图 2-184　苏州艺圃芹庐小院

◎ 芹庐小院是艺圃的一个园中园，进入园洞门后，窄窄的石板桥和一泓小水，几块湖石，几棵植物，水面光影下简洁文雅。高墙小院栽植一株乔木，墙上藤本植物，院内景观顿时漂亮起来。芹庐小院是一座"高墙小院"，在苏州园林中较为常见，这是一个成功的例子。

图 2-183　苏州艺圃西侧园景图

上：苏州艺圃西侧曲桥通向芹庐园中园图。

下：艺圃西侧芹庐园洞门及走廊图。

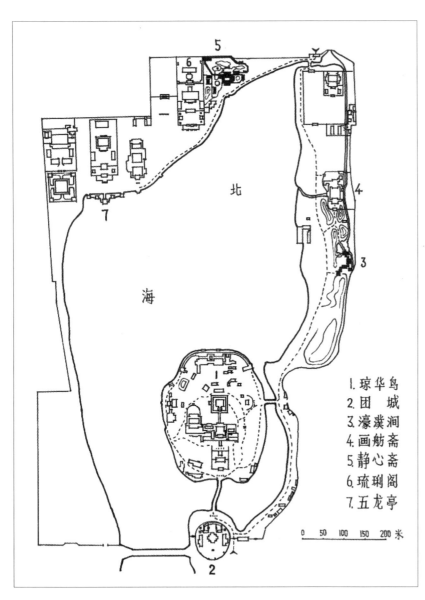

1. 琼华岛
2. 团 城
3. 濠濮涧
4. 画舫斋
5. 静心斋
6. 琉璃阁
7. 五龙亭

0 50 100 150 200米

图 2-185　北京北海公园濠濮涧、静心斋平面位置图

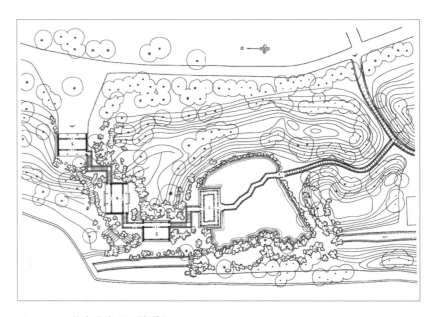

图 2-186　北京北海公园濠濮涧平面图

1- 北海濠濮涧平面图；2- 濠濮涧水榭；3- 崇椒房；4- 云岫堂；5- 西宫门

园（图2-185～图2-187）。这是一个与北海公园开阔的水面全然不同的空间，濠濮涧所描写的山涧意境，架桥于濠濮之上，置身于濠濮之中。环顾山峦耸翠、崇山峻岭，又有清流潺缓。虽无丝竹管弦，亦足以信可乐也。

再如颐和园谐趣园，颐和园前山面临浩瀚的昆明湖，西面峰峦叠嶂，建筑气势雄伟，金碧辉煌。转入后山，深入腹地，经过蜿转的山岗，松风曲径，万寿山前游目骋怀。而谐趣园内曲廊阑斜，尺池荷花，自成一片宁静的天地，真可谓园林艺术的杰作。

园中园虽然具有封闭性和独立性的特点，但与全园有分隔又有联系，和其他景区之间，视线上互相沟通。如拙政园的枇杷园（详见后文），园中建筑以玲珑馆为主，坐东朝西，南面有嘉实亭，西面云墙蜿蜒起伏，园内自成一体，主题思想明确。通过园洞门出入处，视线上造成对景画面，雪香云蔚亭和嘉实亭置于洞门的框景内。玲珑馆东北的假山上绣绮亭内高点俯视园内景致，成为两个景区之间既有联系又有分隔的局面。各园中园举例如下：

图 2-187　北京北海公园濠濮涧鸟瞰图

◎ 北海公园濠濮涧是挖池堆山形成的。土堆边叠假山，形成山谷的环境。在园外，土山岗阻隔，看不到濠濮涧园景。通过山峪夹道，看到石牌坊曲桥和水榭后才能看到一泓水面全景胜出。登爬山廊，经崇椒房继续登爬山廊，经过云岫堂，到了山顶再下穿山廊，出官门。濠濮涧构思和意境完整，实属园林中的上品。

1. 北京北海公园中的静心斋

静心斋亦称"镜清斋"，于乾隆二十三年（1758年）建成，正值修建颐和园、圆明园和长春园的全盛时期，对于造园已颇有经验，所以园林布局、山石处理都达到了成熟的地步。静心斋是作为皇太子读书养性、琴棋书画的地方，从建筑物的取名，如抱素书屋、韵琴斋、罨画轩等，可以看出功能上的设计意图。

静心斋东西约110米，南北不过80米，面积不过11亩（图2-188），在这样一块平地上布置厅堂院落、山山水水，且布置得甚为得体，不是件容易的事情（图2-189）。静心斋汲取了江南咫尺山林的造园手法，进入景区的组织、景物的分隔和围廊、斜桥的处理等，都经过巧妙的构思组合，达到了小中见大的效果。

静心斋前布置严谨，进门后面对南向五开间殿堂，两侧连接围廊，全院形成矩形水池，由于南北深度不过10米，所以两侧不宜再设配房。建筑色彩以绿色为主调，鲜艳悦目。院子水明清澈、方正安静，符合"镜清斋"题名之意。两侧布置带水池的两个跨院，作为读书和附属用房。后园亭楼廊榭，色彩富丽，水影相间，山石嵯峨，松柏葱翠，景物的变化与前院形成鲜明的对比，景象焕然一新。

静心斋是在平地上造园，地貌的改变都靠人工，从剖面上可以清楚地看出，将北区水池的土堆在北墙根（图2-190），看来东侧和南院水池的土堆于静心斋东侧的园外山岗上，土方不能平衡。

静心斋北区山水园的布置严谨，以静心斋殿堂为中心，南北建筑有轴线控制。水池中的沁泉廊位于轴线上，形成山水园四面环境中的视觉中心（图2-191）。在池的两侧布置峰峦——假山一座，山巅上缀"枕峦亭"，重点加强了山的形象特征，在空间的立体轮廓中起重要作用。它与北边土岗所形成的假山成为延续的山脉，假山浑厚苍劲、深远叠翠，有重山复水的意境。从风景结构上看，以"静心斋"为观景点，沁泉廊则成为视觉中重要景观，所以静心斋北区的园景实际上是以建筑为主景的山水园（图2-192），两侧的水上平桥完全是仿照江南园林的手法。东侧用桥分隔水面，并作为交通上的联系，形成跨水水院。罨画轩坐北朝南，是跨院的主体建筑。

静心斋园景、山、水、建筑、桥在复杂的风景环境中采用了颐和园谐趣园的手法，统一于200多米的围廊之中。北墙根由于堆山成岗，因而形成了爬山廊的处理。叠翠楼的设计颇具匠心仿谐趣园的瞩新楼，恰好与爬山廊连接。所以静心斋围廊的处理高

图 2-188　北京北海公园静心斋平面图

◎ 北海公园静心斋是一座皇家园林，慈禧太后每年八月中秋要到静心斋赏月。静心斋的园林是以沁泉廊为主景，爬山廊和贴壁假山为背景的山水园。

低、曲折有变化，有凌架池上、有穿通楼房、有蜿蜒山岗，富有韵律感。叠翠楼不但能居高临下，瞻观园貌，而且成为"静心斋"主厅堂观景点的远景（图 2-190），从而使风景层次有了深度。

静心斋园景立体构图效果强烈，南侧观景都以平视为主，景观中枕峦亭、爬山廊和叠翠楼都显得高峻；北侧观景，景观都以俯视为主，园景历历在目。所以静心斋园景结构虽然在布局上有严谨的轴线系统，但由于高低错落，前后层次变化，不感觉呆板，枕峦亭假山峰峦挺拔，形成景区侧向的制高点，在空间结构中起重要作用，在江南诸园中尚无同例（图 2-193）。

静心斋东西两个跨院院内有水池和书屋，南向有院墙，西南角有假山（图 2-194）；沁泉廊两侧有两座桥将水面分隔成三块；西侧池边有假山，假山上有六角亭可观看纵向园景，对于全园起重要的景观作用。静心斋是一座皇家园林，建筑油漆、彩绘华丽美观，假山树木苍翠静谧，是北方园林的佳作。静心斋的设计意

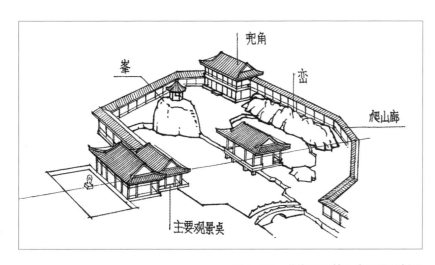

图 2-189　北海公园静心斋园景分析图

图 2-190　北海公园静心斋纵剖面图

图 2-191　北海公园静心斋沁泉廊立面及景观图

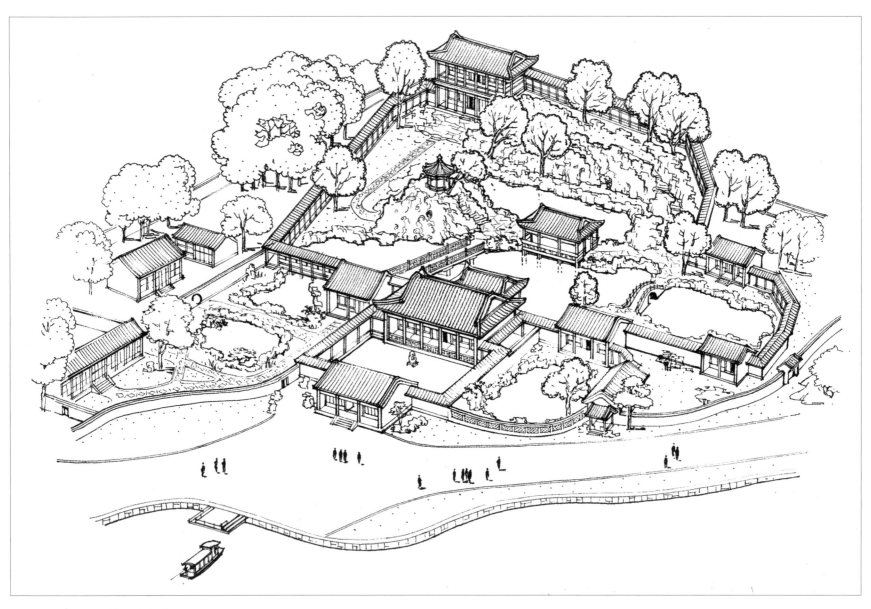

图 2-192　北海公园静心斋鸟瞰图

图 2-193 北海公园静心斋园景图

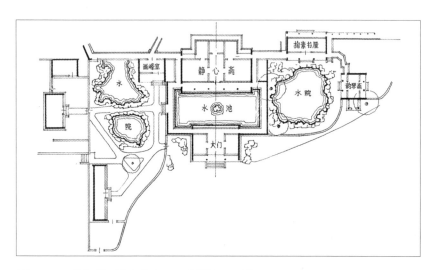

图 2-194 北海公园静心斋东西两个跨院平面图

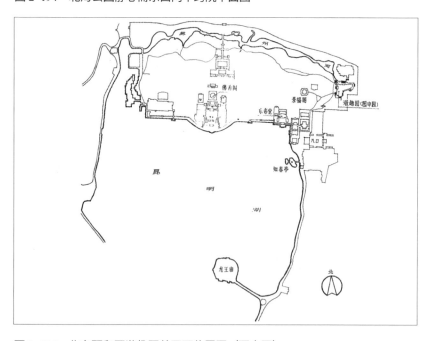

图 2-195 北京颐和园谐趣园总平面位置图（园中园）

◎ 谐趣园是乾隆皇帝下江南时参观了江苏无锡寄畅园，回京后设计清漪园（颐和园）时的变体园。

① 借某处景物或园林意境运用在另处造园中，园林界称之为变体园。
② 谐趣园中的饮绿亭，相当于寄畅园的知鱼槛，对景涵远堂景观虽然没有无锡寄畅园借惠山那样深远的山林环境，而"山远"之意境就在其中矣。

图和布局，总的来说是成功的，不足之处是南北距离不过 40 米，水池只有 25 米，沁泉廊和主厅堂之间的水面距离只有 10 米，过于逼近。就现有的尺度，沁泉廊的位置如能略靠北移，建筑尺度再适当缩小，可能效果会更好。

2. 颐和园中的谐趣园

谐趣园本是乾隆时期的惠山园，借无锡寄畅园的造园意境布局。当时清康熙、乾隆皇帝数次南巡，都到过寄畅园。乾隆皇帝南巡时说："屡来熟路自知通"。并在诗中写到："径从古树荫中度，泉向奇峰罅处潺"，说明他对寄畅园甚为欣赏。回北京后于颐和园（原名清漪园）的东北隅，仿照寄畅园建"惠山园"。后来被英法联军焚毁，经过修复又被八国联军再次破坏，光绪年间复修后才保留到现在，改名为谐趣园，借乾隆皇帝惠山园诗序中的"一亭一径足谐奇趣"而取名。慈禧太后除了到德和园看戏外，也常到谐趣园避暑、赏月。

颐和园前部宫殿重叠，气魄巍丽。谐趣园游廊回绕，轻巧玲珑。前山晴光凌碧，水面浩瀚，鳞光点点，而谐趣园自成一片天地，水面一勺，夏日荷花清香。经过蜿蜒曲折的山径入谐趣园，境界为之一新，形成了尺度、空间和环境的强烈对比。

谐趣园是寄畅园的变体园[1]，其造园意图，只要和寄畅园相比，就不难看出他的相似之处。寄畅园以知鱼槛为观景中心，西面借惠山为背景，园内山林起伏，景象层峦叠翠，而谐趣园以知春亭为观景点，遥望龙钟苍松、茫茫林海的万寿山，饮绿亭[2]类似知鱼槛。全盛时期的寄畅园，园内亭廊堂楼无不俱全，尤以山林意趣、清泉渡谷见长。谐趣园中殿堂踞立、亭廊回绕、山谷深邃、流水叮咚的胜景和寄畅园中的山涧谷地是一曲之音。此外，谐趣园中知鱼桥隔水成湾的处理和其他理水的处理，均能看到江南园林中造园艺术的成功手法。

　　尽管谐趣园仿照寄畅园的意图建造，还是能感到两个园子具有完全不同的情趣和气氛。一方面，谐趣园为帝王统治者所经营，资金、财力雄厚，亭台楼堂建筑规模壮观，油漆彩画富丽堂皇，由于北方的气候等自然条件的影响，致使建筑较为厚重，虽然在建筑尺度上做了适当缩小，但和南方园林中那种素雅淡薄的建筑风格有很大的不同；另一方面，寄畅园突出了山林环境，以自然山水的野趣为园景，而谐趣园虽借万寿山为背景，但终属园外景色，园内近景无山可寻，建筑围池而立，一泓池水成为谐趣园的水景特色，夏日荷花满池，红艳绿翠和建筑物的红柱绿檐互相辉映，富丽气氛格外强烈。

　　谐趣园的建筑布局虽然已经活泼多了，但还不失皇家宫廷建筑的严谨性（图2-195）。涵远堂在全园中是一座殿式建筑，南向五间围廊，高大庄丽，居全园之尊，室内装饰华丽，殿前有钓台和饮绿亭形成风景轴线的对景，在曲尺形水池的纵深处，先定建筑位置，其他主要建筑的位置也相应地组成对应关系（图2-196、图2-197），如知鱼堂和澄爽斋，谐趣园宫门和洗秋亭，寻诗径碑亭和知鱼桥南边的建筑，都遥遥相对，串以围廊，把高低错落、形态各式的亭廊堂榭统一在扁平的廊子的韵律之中，带有一定的节奏感（图2-198）。廊子曲折回环，里面临水，廊外山岗树景，借江南空廊手法，玲珑空透，景透邻虚，扩大空间感。园的西北角，有两层楼阁，为全园的制高点，顾名思义为瞩新楼（图2-199），上层楼面与园外路面相平，从园外看却是一层，这种建筑和地形的充分结合是很成功的。

1. 谐趣园宫门
2. 知春亭
3. 引镜
4. 洗秋
5. 饮绿
6. 澹碧
7. 知鱼堂
8. 寻诗径碑亭
9. 勿清轩
10. 涵远堂
11. 瞩新楼
12. 澄爽斋

北

图2-196　北京颐和园谐趣园平面图

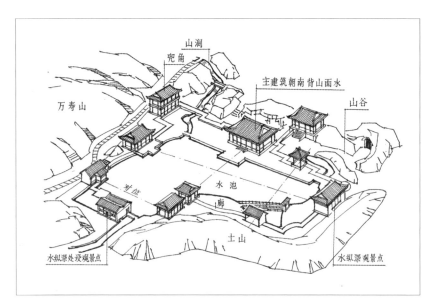

图 2-197　谐趣园园景分析图

图 2-199　谐趣园西侧瞩新楼一角景观图

图 2-198　谐趣园鸟瞰图

瞩新楼前处理了一个小水湾，能听到涧水潺流的水声，水口竹芦掩映，空廊穿花渡竹（图 2-199），景色宜人。水由北边凿山成涧，苏州河引水而入，经过顽石流入园内，山石上刻有慈禧太后的墨迹，诸如"松风""仙岛""玉琴峡""萝月"等，自然意趣浓厚。这是仿寄畅园八音涧的意境。

知鱼桥虽然也借寄畅园意境，但加上石牌坊（图 2-200）和石槛，尺度小而浑厚，与北方的建筑风格相协调。

在涵远堂的东北角，仿寄畅园做成的假山幽谷，便是"寻诗径"，山谷中大果榆覆盖，绿荫蔽日，光影洒地，清净而又深邃，真是绿荫幽谷好寻诗（图 2-201）。

盛暑之际，谐趣园池荷香馆，荷花亭亭玉立，悦目可爱。设想于中秋佳节，廊内悬挂宫灯、张灯结彩、倒影映池、俯流玩月、夜游娇园，真是一种美好的享受。

图 2-200　谐趣园知鱼桥前石牌坊图

图 2-201　谐趣园涵远堂东侧竹廊图

3. 苏州拙政园中的枇杷园

拙政园中的枇杷园院内主植枇杷，南边点亭取名嘉实亭，寓意丰硕嘉果，加强园景的意境。玲珑馆庭前有云墙顺上蜿蜒起伏，墙前山石小品，石峰玲珑玉立，修竹一丛，芭蕉数棵，室内窗明几净，庭院精致可爱（图 2-202 ～图 2-204）。

（二）庭院

庭院在中国传统造园中，占较大的比重，成为建筑空间组织的重要部分。院落一般较小，多数位于厅堂、书房或居室的前后或侧面。庭院建筑造型比较简单，很多是以单体建筑组合起来，组织成丰富的建筑群体，围成各种不同的庭院，配置山石花木，创造出极为丰富的庭院艺术效果。

除四合院的基本形式之外，庭院建筑有用两面或三面建筑物围合而形成，也有用廊子墙与主体建筑结合而成，形式多变。

庭院基本上有两种布置形式：

一种是景象空间。有单一的院落，形成封闭或半封闭的建筑空间。如苏州拙政园的玉兰堂（图 2-205、图 2-206），西南是围墙，东北是建筑，形成一处封闭的独院。厅堂坐北朝南，以南墙为背景点缀山石小品，配置玉兰、天竹和竹丛，成为景观。这种自成一区的院落，气氛安静亲切。又如扬州瘦西湖小金山接待室庭院（图 2-207 ～图 2-209）。南向敞口，北向联廊，通东厅，利用厅墙为背景，在进深 6 米左右的天井内布置一排假山，点缀鱼缸，配置四季花木，如牡丹、枇杷、桂花、腊梅等。每当牡丹盛开时，展姿娇艳地簇拥着山石，犹如一幅立体的小品画；当硕果累累的金果和香气四溢的桂花全盛时，庭院季相为之一新；每当腊月，大雪纷飞的日子，腊梅盛开时，寒香溢溢，庭院显亮，景象分外清新。这色、香、姿四季变化的庭院，若相比一幅壁画，则更富

图 2-202 苏州拙政园的枇杷园园景图

◎ 枇杷园以观赏植物命名，地面铺装用枇杷果实和冰纹石组织成图案，并和门窗的窗槅图案相呼应，可以看出造园者精细的匠心所在。

图2-203 苏州拙政园的枇杷园园洞门图

左：走出枇杷园的园洞门可以看到山上的雪香云、蔚秀亭，以墙的门洞为载体，在游览路线上布置相互紧扣的园林景观，这就是苏州园林艺术的景观学。

右：通过远香堂东侧园墙上的园洞门可以看到枇杷园内的亭子。

图2-204 苏州拙政园远香堂东侧的枇杷园、听雨轩、海棠春坞

◎ 远香堂东侧的这三个跨院称园中园。

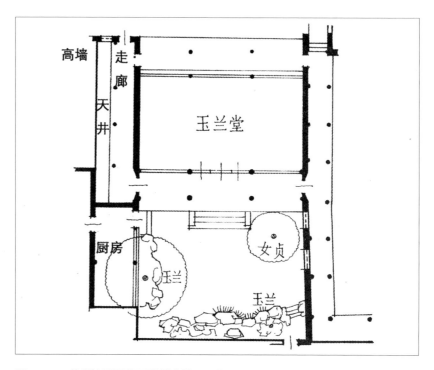

图2-205 苏州拙政园的玉兰堂庭院平面图

◎ 玉兰堂庭院是以观赏植物白玉兰命名的庭院。

图2-206 苏州拙政园的玉兰堂庭院景观图

图 2-207　扬州瘦西湖四季庭院鸟瞰图

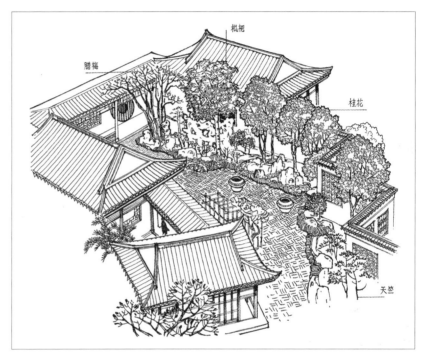

图 2-208　扬州瘦西湖四季庭院园景图

◎ 扬州瘦西湖四季庭院，面积约 150 平方米，厅堂（接待室）和走廊相连，用院墙环围，堂前有贴壁假山一座，根部配置芍药、牡丹，春季鲜花怒放，庭院华丽，极富美感。庭院铺砌青砖，席纹地面，四周种苏带草，设置鱼缸两个，缸内金鱼数条，植物配置有枇杷、桂花等乔木及四时开花的灌木。笔者有幸于某年大雪纷飞的隆冬腊月进入该庭院，时值腊梅花盛开，香气扑鼻，天空鹅毛大雪，园内仍然保持青绿一片生机勃勃的景象。时光虽然已过去几十载，当时的情景仍然记忆犹新，给笔者留下强烈而深刻的印象。直至今日，不是因笔者研究中国园林而对其情有独钟，而是当人们领略了特殊环境下大自然赋予的无穷魅力，那绝对是一种享受。

图 2-209　扬州瘦西湖四季庭院室内外景观图

有生命。

　　还有围成主体建筑三面或四面组成的院落，也可以说成庭院包围建筑。如拙政园的海棠春坞（图 2-210、图 2-211）。建筑三面围院，南向为主景院，北窗面对园景，门窗开敞，建筑空透玲珑，院内主植榆树一株，海棠数株，墙前叠湖石数块，配植天竹和竹丛，就成为竹影潇洒的园景了。庭院铺地配合主题砌成海棠图案，意境统一完整（图 2-212）。又如留园的五峰仙馆，这是留园中最大的厅堂，建筑高大，厅内纱隔将厅分成前后两部分，装修精致，家具陈设富丽。在厅的四周布置了院落，正面院内布

置了一座厅山，假山可上。北院地形抬高，围廊贴墙面而绕，台地上布置山石树木。侧院空透，使这座体量庞大的建筑尽量四方邻空，室内外空间贴切。建筑围墙的处理不仅使厅内通风良好、光线充足，而且使厅内四面有景可赏。

　　另一种是庭院形式。在穿行空间的一侧或两侧分别布置若干小院子（天井）。如留园的古木交柯，在曲折的廊子一侧布置了两个小院（图 2-213、图 2-214），分别组成了两个不同的景致。一组点题为古木交柯，另一组点题为华步小筑（图 2-215）。当从古木交柯到华步小筑一段游廊中穿行时，虽有小景的变化，但

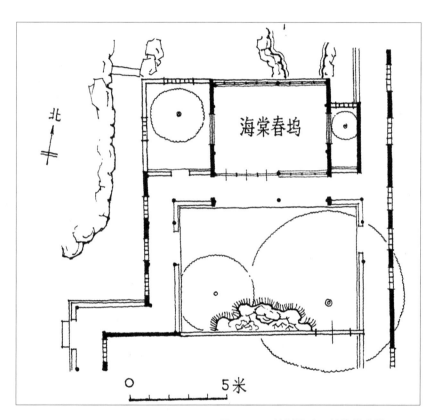

图 2-210　苏州拙政园的海棠春坞平面图

◎　海棠春坞是拙政园中的园中园之一，中堂两侧有走廊相联，堂屋对面有对景，两侧有小庭院，院内种梅花，小园精巧可爱，庭院景观丰富，是一处典型的庭院。

图 2-211　苏州拙政园的海棠春坞庭院图

图 2-212　苏州拙政园的海棠春坞院景图

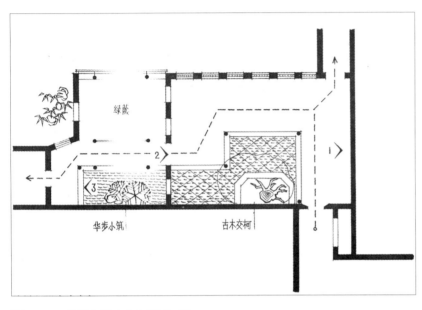

图 2-213 苏州留园古木交柯平面图

图 2-214 苏州留园入口的穿行长廊、古木交柯景观图

空间形态没有改变，当到了绿荫敞厅内时，空间豁然开朗，景物为之一新，空间形式由穿行空间变为景象空间（图 2-216）。庭院的室外空间是以围为主的，室内空间是以透为主的。围成庭院的目的，是使庭院景物和室内空间构成有效的视觉联系，使人从室内透过门窗，或凭栏眺望时，将室外空间的景物引入成为室内，使室内外的空间互相交织在一起，给人感觉虽在室内犹如置身室外，从而获得空间的扩大感。

如留园的揖峰轩和石林小屋两组庭院，是观赏和游览室内和室外空间密切结合的范例（图 2-217）。揖峰轩正房三面有院，西北面的两个庭院一长一方。院内布置山石数块，修竹数竿，和揖峰轩西北墙的每个窗户组成窗景。窗的西北配上对联就像一幅小品画（图 2-218）。南向庭院为揖峰轩室内的主景院，院内立石峰，点缀山石配置花木。为了使庭院完整景区有相对的独立性，故而两侧廊没有透空，只留揖峰轩门亭，取得景区的联系。东侧沿墙贴空廊，半虚半实，使空间不至于呆板，南向面对石林小屋，两侧联廊，以石林小屋为中心四面围绕着大小不等、景致各异的不同天井（图 2-219 ～图 2-223）。天井不过 15 ～ 24 平方米，仅能布置芭蕉数株、修竹数根或点石一二。而处于各式门窗洞和素白墙面的小空间内，一石一竹都成为墙前生动活泼的景观，与没有范围的一片竹林、一堆山石相比要耐看得多。当游览了五峰仙馆庭院后，由鹤所入口（图 2-224）向东进入石林小院北廊（图 2-219），贯穿着石林小院四个连续不同的天井。通过空廊的透窗，尽收院内景色。这就是游中有览、游览结合，达到步移景换。

图 2-216　苏州留园华步小筑景观及绿荫室内景观图

图 2-215　苏州留园华步小筑小天井景观图

图 2-217　留园石林小院、揖峰轩庭院图

图 2-218　留园揖峰轩室内一窗一景透视图

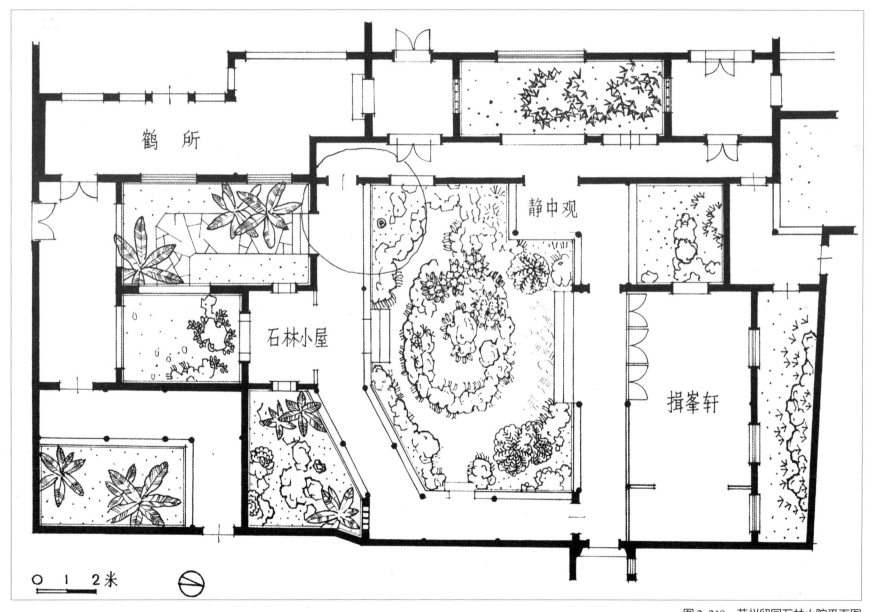

鹤 所

静中观

石林小屋

揖峯轩

○ | 2米

图 2-219 苏州留园石林小院平面图

◎ 留园石林小院是小空间、小天井组织在一起的园林景观的成功范例，如果能做到建筑四面有院，四面有景，走廊移步换景，那么就学会了留园小空间景观的特点，这也是中国传统园林的精华所在。石林小屋后园的天井内加了一片分隔墙，墙上开园洞门，将一个小院分隔成两个空间，每个空间内点缀小景，人在室内、廊内游览，可以看到无数个景象，这就是通常说的步移景异的园林效果。

图 2-220　留园鹤所、石林小屋、揖峰轩鸟瞰图

图 2-221　留园石林小屋周围庭院走廊内窗景观图

图 2-222　留园石林小院走廊景观图

图 2-223　留园石林小屋周围天井庭院，从走廊的窗洞内看园景图

图 2-224　留园鹤所入口景观图

◎ 鹤所的墙上开了很多门洞，很有特色。

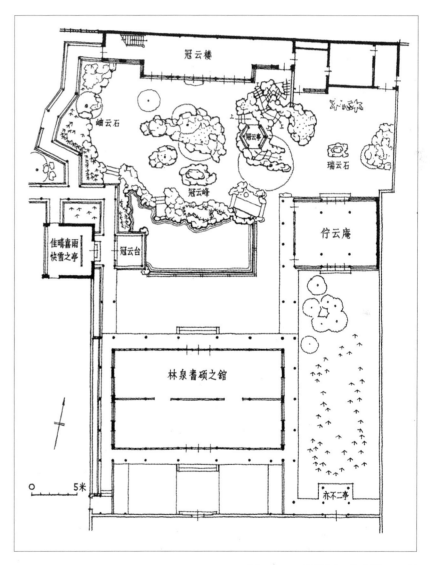

图 2-225　留园冠云峰庭院平面图

　　庭院一般不大，其大小是相对的。大的庭院有 600 平方米之多，这样大的庭院，景物的布置须考虑布景问题，如留园的冠云峰，庭院面积 550 多平方米，像个小园林格局（图 2-225、图 2-226），院中立峰为山，水池一泓，点亭穿廊，布景生动。中型的庭院一般约 100 ~ 200 平方米，如留园的五峰仙馆，南向的庭院约 250 平方米。这类庭院大都以点景为主。小庭院一般约 20 平方米，苏州园林中尚有更小的院落（小天井），在 12 平方米以下。这样的院落，一般都进入院内，用来活跃空间气氛，成为采光或观赏性的天井（图 2-214）。由于庭院尺度一般不大，景物考虑到近观的特点，因此要求做到形象美观，布景精巧。

图 2-226　留园冠云峰庭院鸟瞰图

庭院给建筑提供了良好的通风采光，创造接近自然的良好条件。建筑的主体作用是主导，庭院虽然是从属的，但两者必须是和谐的整体，才能构成庭院之美。庭院空间景物的处理，要根据建筑的布局、体形、性质和空间大小、地形地貌等条件进行设计。一方天井、一拳之石、一勺之水、修竹数竿、石笋数尺，都无不在精心的"意匠"之中。《园冶》一书中所描述："藉以粉壁为纸，以石为绘也。理者相石皴纹，仿古人笔意，植黄山松柏、古梅、美竹，收之园窗，宛然镜游也"。明代的造园家计成对于庭院景物的布置及其互相的关系，匠心精湛，敛景入画。

庭院空间的布置，以小空间的短距离欣赏为主，风格素雅精巧；点缀近看的山石，纹理清晰。立峰亭亭玉立，山石姿色，根脚轻盈，图石疑云，玲珑优美。配植花木一二，姿态婀娜，注重色泽、叶型美观，互相陪衬，使山、亭、树、石、花草之美容纳在咫尺小庭，给人以美的享受和感染力。对于庭院来说，建筑要尽可能地为庭院布置提供良好的条件，如日照、通风、排水等，根据植物喜湿、耐旱、背阴、宜阳、抗风等不同的习性、形态、花色和周围环境的要求，合理地选择植物配置。

建筑庭院的风景构成是丰富多彩的，如苏州拙政园的小沧浪庭院为水景、上海内园静观厅前为峰石山景（图2-227）、颐和园的乐寿堂前植海棠为春景（图2-54）、苏州沧浪亭翠玲珑前后左右植竹林、室内外形成绿色的空间（图2-228、图2-229）、苏州网师园殿春簃前庭院用泉池亭子组成（图2-145）、扬州观音山方丈院内布置精致的花台等，使人们虽居室内，可以窥到绮丽风姿的咫尺小品画面，达到情景交融的效果。

传统园林对于花墙的处理手法之丰富、花式之繁多、应用之巧妙，造就了造园艺术宝库的精华。如狮子林的海棠门洞把景物组织到动观的视线内诱人探幽（图2-29、图2-230、图2-231）；

图2-227　上海内园园景图

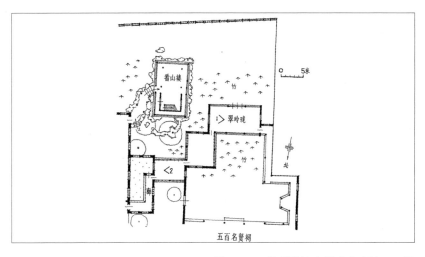

图2-228　苏州沧浪亭翠玲珑庭院平面图

图 2-229　苏州沧浪亭翠玲珑室内外和庭院关系图

◎ 由于翠玲珑周围庭院内种满翠竹，在阳光的作用下，室内空间成为绿色，使人感觉进入了一个奇妙的绿色空间，使园林和建筑融为一体。

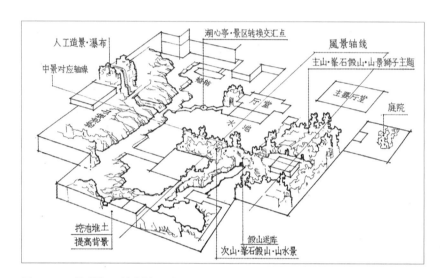

图 2-230　苏州狮子林分析图

◎ 苏州狮子林人工造景——假山瀑布说明：瀑布景观是水景景观之首，最为壮观，也是园林设计师最愿意设计的景观之一。由于水资源的条件不允许，当时苏州的造园者往往采取两种办法：其一，在高处打井从高处下水形成瀑布；其二，在下大雨时通过屋面接水、蓄水的方法，做观瀑的景象，狮子林的假山瀑布就是如此图所示，可见当时造园者的智慧。

寄啸山庄立石峰为门洞的对景（图 2-175）；豫园中在游览路线上应用两个门洞互相框景，为游人所赞赏（图 2-26）；扬州逸园曲墙，水磨砖漏窗做工精细，再如扬州怡大花园磨砖对缝大漏窗（图 2-37），漏窗之大为江南少有，处理墙角时往往做成内直角形，墙面如屏风一样，匠心独到（图 2-168）；杭州黄龙洞院墙山门的路旁配置树石小品，形成很好的构图（图 2-17）；留园的云墙背面为解决亭廊的排水，做一行行滴水，成功地将功能和美观巧妙结合（图 2-43）；苏州畅园是一座典型的住宅花园（图 2-232～图

2-234），厅堂前有月台，中间为水池，西部建西花厅；南向曲桥假山，东侧林荫曲廊。造园手法简洁明朗，很有借鉴意义。

花墙是组织庭院空间最有效的手段，能导引空间顺序，在空间关系上起分隔、联系的作用；能阻挡直冲的景观，使景物含蓄；漏窗能装饰墙面，窥探院外风景；墙面能衬托山石小品，花木姿色，使景物娇艳，光影婆娑；花墙使建筑构图完美，开合景象空间，界定园界范围；云墙能蜿蜒山岗，跋涉水面，穿花渡竹，形成组织庭院空间中最活跃的因素。

图 2-231 苏州狮子林鸟瞰图

◎ 苏州狮子林是以竖立了许多湖石假山立峰为园林景观的一座园林，象征性地将湖石立峰的形状比喻为狮子，所以取名为狮子林。由于对狮子的比喻太具象、太直白、不含蓄，再加上假山的造型艺术性较差（所谓匠人气息太重，不够雅致），所以文人及园林界对狮子林的评价不高。笔者曾经对狮子林作过一次深入地调查，虽然狮子林的假山造型和其他几个造景因素如建筑、水、植物的关系构图存在一定问题，但狮子林的假山山洞堆叠得非常成功，形成迷阵，有一定的规模，具有创造性，是一座人工建造的迷宫，很有特点和趣味感，所以颇受儿童和追求乐趣者的好评。

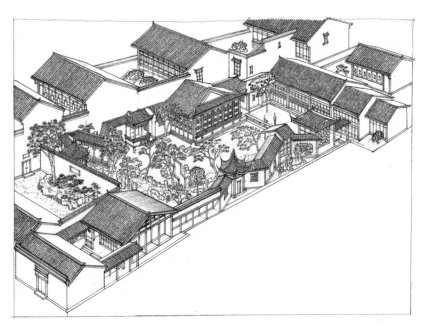

图 2-232 苏州畅园鸟瞰图

图 2-234 苏州畅园东侧林荫曲廊园景图

图 2-233 苏州畅园剖面图

第三章 景观建筑

第一节　特点及类别

《铜雀台赋》是三国曹魏曹操之子曹植在今河北省邯郸市临漳邺城铜雀台落成时所作，文中提及"建高门之嵯峨兮，浮双阙乎太清。立中天之华观兮，连飞阁乎西城。"表明铜雀台内建有飞阁复道，这是景观建筑的雏形，在当时已初具规模。

景观建筑的造型构图没有明确的功能（图3-1），审美的要求高于功能的要求，以美观经济为设计理念。景观建筑本身就是一个景观、是一个工艺品。它的规模不在于大小，而在于构思有一定的创造性，既有传承又有突破是其追求的目标（图3-2）。

景观建筑大致有两类情况：

第一类，建筑置身于优美的自然环境之中。中国传统建筑以

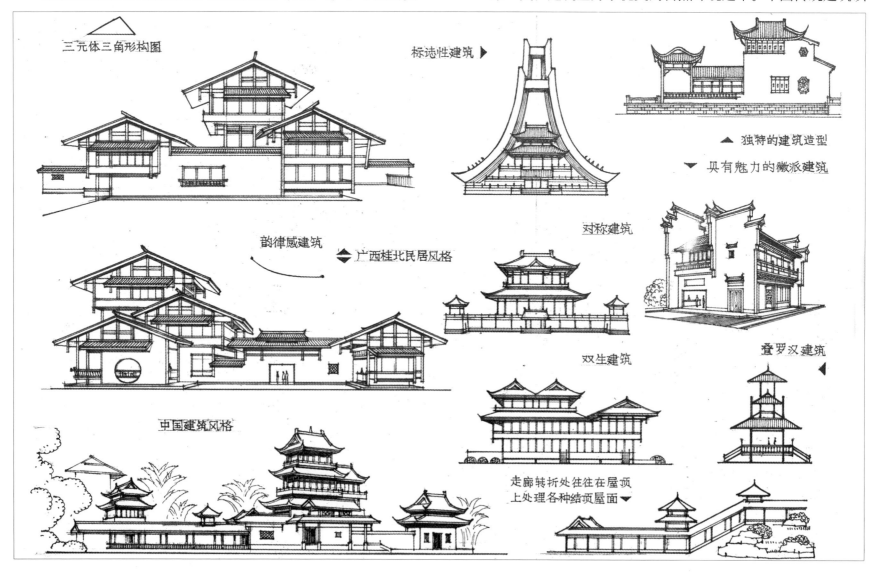

图3-1　建筑和造型

图 3-2 辅仁大学花园一角

图 3-3 江西南昌滕王阁图

点缀风景为主，功能大都比较简单，但造型十分讲究，常见如亭台楼阁之类的休息游览建筑，就属于自然风景建筑，如江西南昌的滕王阁（图 3-3、图 3-4），湖北武昌的黄鹤楼（图 3-5 ～图 3-8），以及湖南的岳阳楼（图 3-9、图 3-10）。

第二类，置身于人造风景（园林）中，带有休息性质的场所的建筑，也称作园林建筑。在设计园林建筑时，必须兼顾优美的自然环境（图 3-11、图 3-12），设计时尽量放宽共享空间，或者带花园、庭院，配置花木小品，做到花随季开，使建筑和环境相得益彰（图 3-13 ～图 3-19）；反之，如果建筑没有兼顾设计景观环境，也不在优美的自然环境中，单纯是为了建筑功能进行设计，或是临街建筑，则不能称为景观建筑。

图 3-4　临摹宋画滕王阁图

图 3-5 临摹宋画黄鹤楼图

图 3-6 湖北武汉黄鹤楼图

◎ 江南三大名楼：湖北武汉黄鹤楼、江西南昌腾王阁、湖南岳阳市岳阳楼。

图 3-7 黄鹤楼原建筑宝顶图

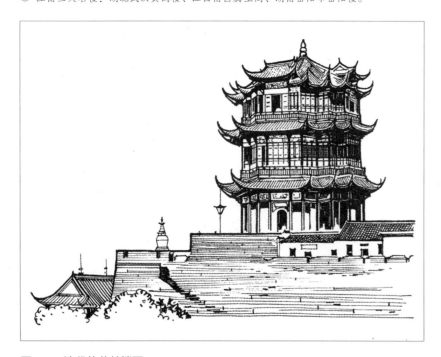

图 3-8 清代的黄鹤楼图

图 3-11 广西壮族自治区桂林阳朔见山楼图

图 3-9 临摹元·夏永《岳阳楼图》①

---
① 元·夏永《岳阳楼图》摹自《历代名画选》。

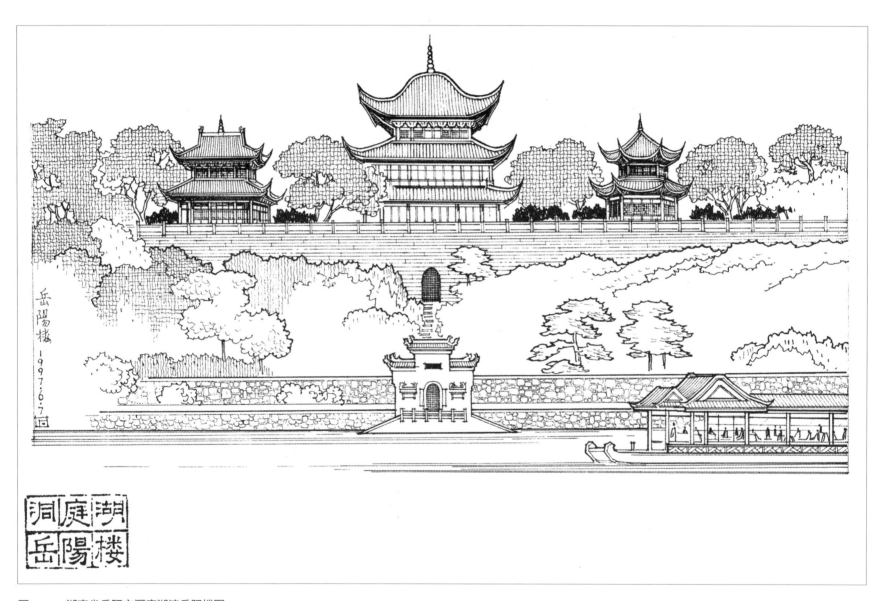

图 3-10 湖南省岳阳市洞庭湖滨岳阳楼图

◎ 岳阳楼是中国古代江南三大名楼之一。

图 3-12 苏州拙政园远香堂西侧香洲船舫建筑

◎ 拙政园远香堂西侧香洲"船舫"建筑是苏州园林创作的杰出建筑作品，建筑造型写意而且美观。很多花园采纳"船舫"的造意为景观。如怡园、狮子林、南京煦园以及皇家园林颐和园中的石舫等。

图 3-13 扬州富春花园建筑

◎ 此处为清朝乾隆皇帝当年到扬州吃富春包的地方。

图 3-14 北京景山公园外四川大三元酒家

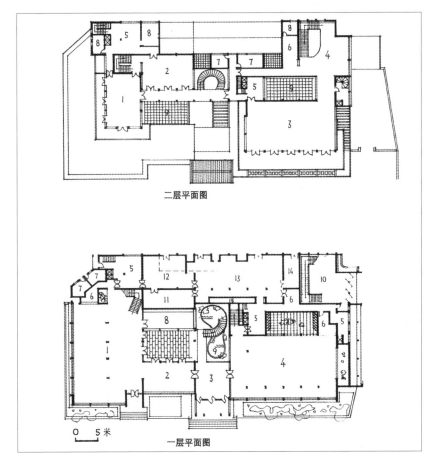

二层平面图

一层平面图

0　5米

图 3-15　杭州楼外楼酒家平面图

图 3-16　杭州楼外楼酒家外观图

图 3-17　杭州楼外楼透视图

图 3-18　杭州楼外楼楼梯间图

图 3-19　杭州楼外楼餐厅室内图

第二节 设计和创作方法

景观建筑的设计方法之一就是不对称的三角形构图（图
3-20～图3-22），依靠美育素质来平衡，方法如下：

由于时代的进步，景观建筑功能要求复杂，建筑体量趋向庞
大。遇到这种情况时，尽量注意建筑的层数，二层为宜，局部三
层，如若全部一层，主要问题是难于处理。在开阔的地域，大山
大水的环境中最好不要超过四层，如要求特殊，也可以局部四层。
遇到建筑体量较大时，必须将建筑化整为零（图3-23、图3-24）。

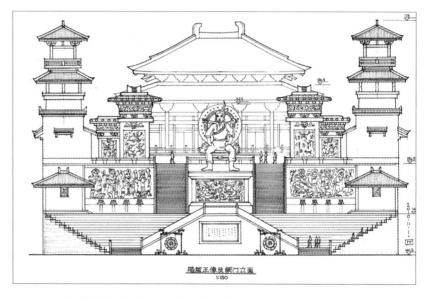

图3-21　广西壮族自治区宁明县壮族先祖骆越王庙图（陆楚石先生设计）

图3-20　广西壮族自治区钦州市和谐塔建筑图（陆楚石先生设计）

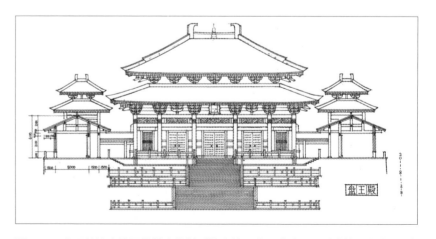

图3-22　广西壮族自治区桂林市恭城瑶族自治县盘王庙大殿图（陆楚石先生设计）

景观建筑位于自然风景区内，必须与自然和谐相处，融于自然，不能喧宾夺主、哗众取宠，提倡天人合一的设计理念（图3-25～图3-28）。怎样才能做到这一点？景观建筑的特点除需要解决建筑自身的功能以外，必须要注意建筑在不同环境中的艺术性。有很多建筑由于不够重视这个问题，导致与环境不协调。

图3-23　扬州鉴真大和尚纪念堂立面仿唐建筑图（梁思成先生设计）

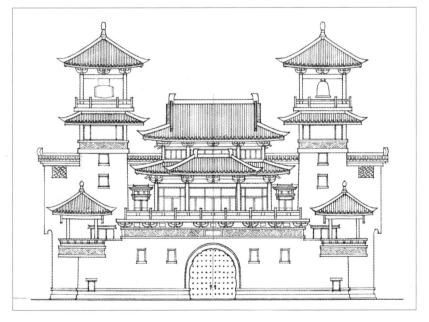

图3-24　安徽黄山北大门于志学艺术园大门立面图（陆楚石先生设计）

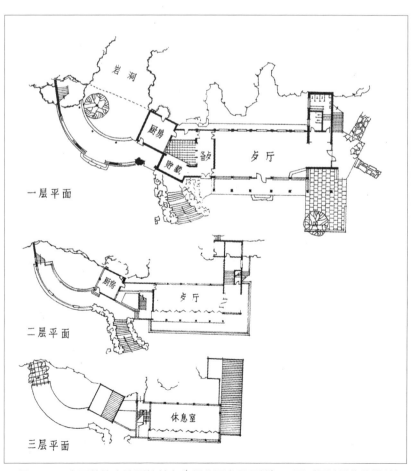

图3-25　广西壮族自治区桂林市七星公园内月牙楼平面图（杨鸿勋先生设计）

图 3-26　广西壮族自治区桂林市七星公园内月牙楼鸟瞰图

图 3-28　广西壮族自治区桂林市月牙山小广寒建筑立面透视图（杨鸿勋先生设计）

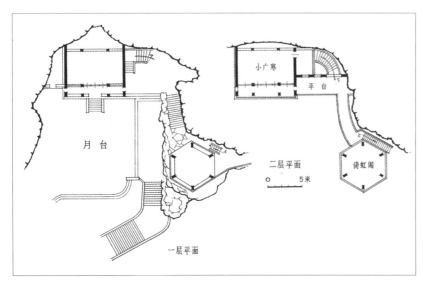

图 3-27　广西壮族自治区桂林市月牙山小广寒平面图（杨鸿勋先生设计）

在我国传统的园林建筑设计方法、创作思想与创作理念中，建筑的比重占有重要的地位，景区的分隔和联系，往往都以建筑为基本手段。采用单体建筑如厅堂、楼阁、斋、馆、游廊、墙垣等，组合成大小不等的空间体系。在这些组合空间中，建筑常与山水、花木构成空间景观。建筑在自然景色中又常作为构图焦点，主要建筑物成为游览、休息和观赏之地。建筑艺术的美感从属于意境的创作之中，建筑物在风景结构中相互借资，融为一体，成为不可分割的部分。建筑对于园林风景的创作而言，是和谐的整体，其体形、尺度、比例、艺术处理等，均根据园林空间和建筑功能的需要随机应变，灵活处理（图 3-29 ～图 3-40）。我国传统园林建筑的造型玲珑精巧、轻盈活泼，室内空间分隔形式多样，

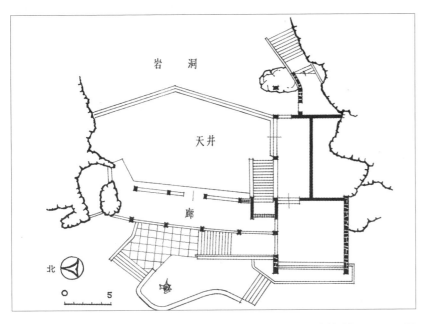

图 3-29　广西壮族自治区桂林市龙隐洞桂海碑林碑阁一层平面图

图 3-30　广西壮族自治区桂林市龙隐洞桂海碑林办公楼透视图（杨鸿勋先生设计）

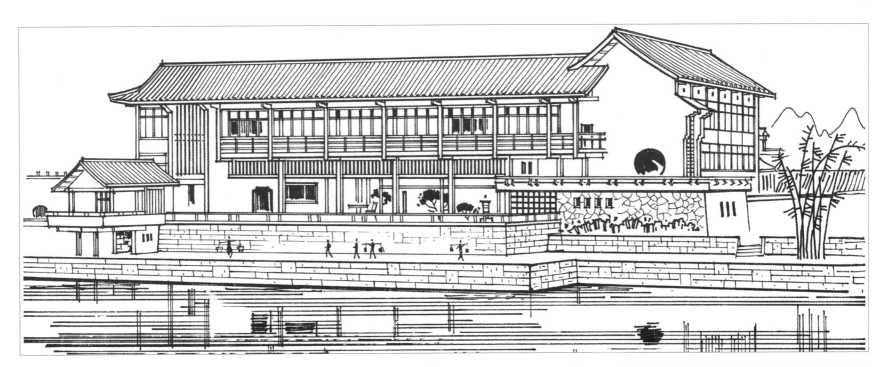

图 3-31　广西壮族自治区桂林市花桥美术馆临小东江立面图

图 3-32 广西壮族自治区桂林市花桥美术馆立面图（由杨鸿勋、陆楚石、周培正合作设计）

图 3-34 广西壮族自治区桂林市七星岩洞口建筑入口图

图 3-33 广西壮族自治区桂林市七星岩洞口建筑立面图（尚廓先生设计）

图 3-35 广西壮族自治区桂林市七星岩洞口建筑透视图（尚廓先生设计）

图 3-36 广西壮族自治区桂林市伏波山休息室图（莫伯治总建筑师设计）

图 3-38 广西壮族自治区桂林市伏波山茶社入口建筑图

图 3-37 广西壮族自治区桂林市伏波山休息建筑立面图（孙礼恭先生设计）

图 3-39 广西壮族自治区桂林市伏波山休息室入口建筑透视图

图 3-40 广西壮族自治区桂林市伏波山休息建筑立面图

采用家具、屏风、花罩、门洞、漏窗等，处理手法灵活自如。室内外空间和景物的联系分隔、建筑与建筑之间的处理、建筑结合庭院等创作思想，促使我国传统园林建筑自成体系且具有很高的创造水平。

我国传统园林建筑创作构思中，如船舫、扬州五亭桥等建筑形象特征，是从形似到神似的高度概括。我国南北方的民居、朴素的造型和灵活的空间处理，都具有浓厚的地区特点，显示了古代中国人的创作智慧和聪明才智，都是值得我们借鉴的内容。此外建筑创作对于造型构图手法，如对比、均衡、比例、韵律等规律的运用，以及建筑形象所表达的不同主体和性格，如风格淳朴、形象庄严，或色彩华丽、素穆淡雅，或明朗大方、精巧别致等，是创作中必须注意的方面。

由此可见，继承传统的内容是广泛的，创作思想也是灵活的。继承和借鉴绝不可以替代自己的创作，所以要开阔创作思路，打开眼界，学习古代历史文化、国外建筑动态，分析各种建筑历史因素，取其精华，去其糟粕，用理论指导实践，再从实践中提高创作能力，不断进步，创作出许多符合时代精神，具有强烈个性的风景建筑，促进建筑风格的发展（图 3-41 ～图 3-46）。

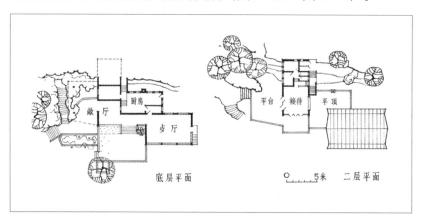

图 3-41 广西壮族自治区桂林市芦笛岩餐厅平面图

图 3-42 广西壮族自治区桂林市芦笛岩餐厅立面图

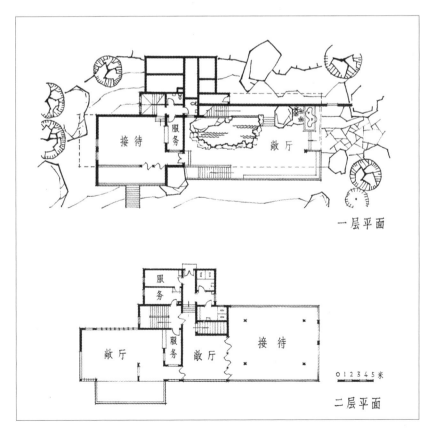

一层平面

二层平面

图 3-43 广西壮族自治区桂林市芦笛岩接待厅平面图（尚廓先生设计）

图 3-44 广西壮族自治区桂林市芦笛岩休息厅立面图

第三节　创作思想和理念

园林建筑是古代建筑体系中的组成部分，其造诣之深叹为观止。今天在创作新的风景建筑时，绝不能割断历史，要有传承，要有一定的民族特色。只有在传统的基础上推陈出新，创作出既有时代特色又具有我国传统建筑特点的新风格，才是对待历史文化遗产的传承与发展问题的正确态度（图 3-47 ~ 图 3-49）。

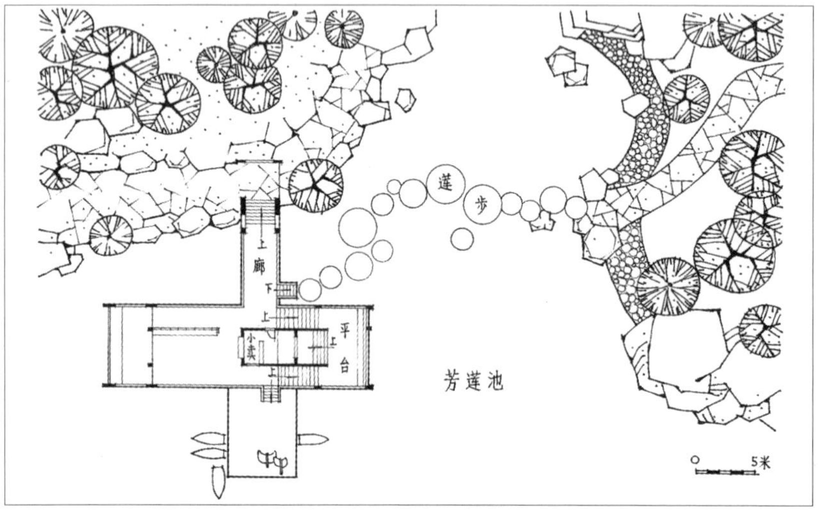

图 3-45　广西壮族自治区桂林市芦笛岩水榭一层平面图（尚廓先生设计）

图 3-47　四川省大足石窟景观建筑图

图 3-46　广西壮族自治区桂林市芦笛岩水榭立面图

图 3-48　山东济南大明湖内某建筑侧立面图

继承遗产绝不意味着单纯地追求"民族形式"，或原封不动地照搬照抄古代建筑。民族形式的概念主要指古代建筑的外形特征，提倡民族建筑风格，是要表现历史传统与文化特色，要提倡有独树一帜的特殊风格。对于传统的形式、特点，可以成为设计的借鉴，但如果只满足于某些传统特点，或对传统仅做形式的模仿，生搬硬套地做某些局部处理，这些狭隘的创作思想，远远不能创作出独具特色的建筑新风格（图3-50～图3-62）。

图3-49　广西壮族自治区桂林市南溪山公园沿街景观建筑图

图3-50　广西壮族自治区桂林市世外桃源鸟瞰图（陆楚石先生规划设计）

◎ 世外桃源是国家AAAA级旅游景点，是一座广西壮族自治区桂北少数民族的木构架吊脚楼风格的建筑群，有鼓楼、风雨桥、渊明山庄等主体建筑。

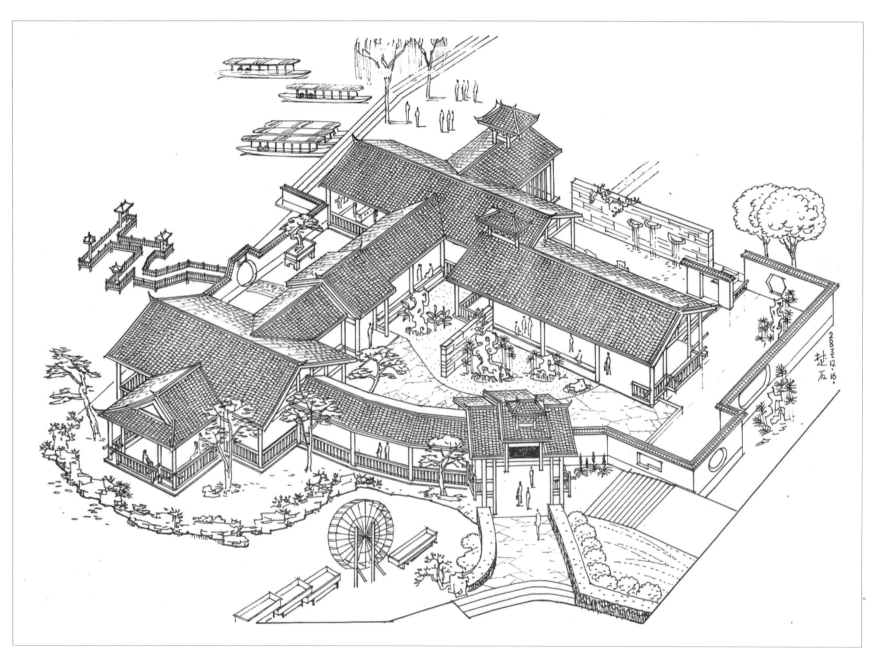

图 3-51　广西壮族自治区桂林市世外桃源入口休息厅庭院鸟瞰图

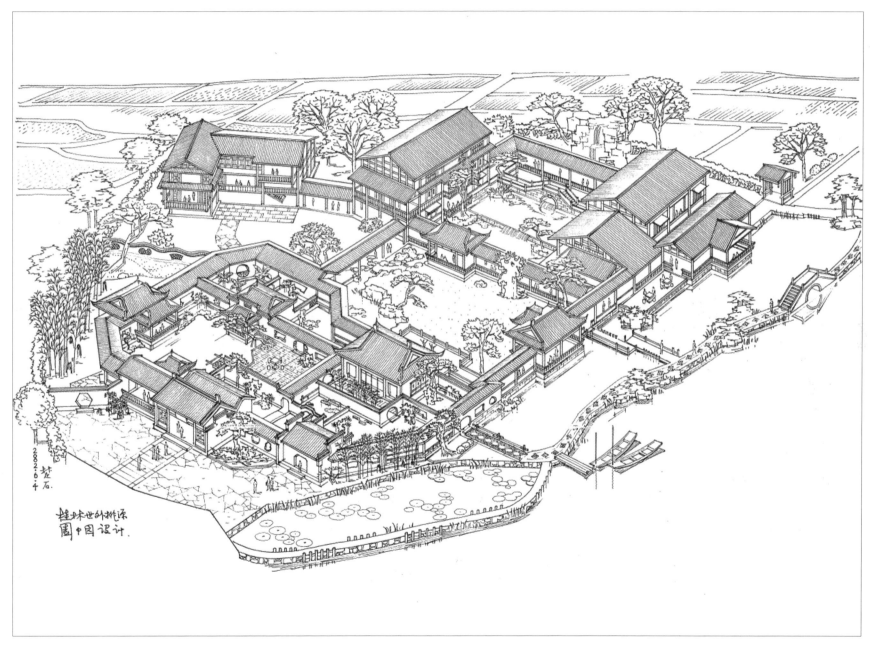

图 3-52 广西壮族自治区桂林市世外桃源渊明山庄鸟瞰图

◎ 渊明山庄是用中国传统园林的方法设计建成的，是世外桃源景点中的一处园中园。

图 3-53　广西壮族自治区桂林市民俗风情园鸟瞰图（陆楚石先生规划设计）

◎ 民俗风情园位于桂林市漓江边，是一座展示壮族、侗族、瑶族、苗族等少数民族风情的一处旅游景点。由于规模大小等因素影响，被评定为国家 AAA 级景点。风情园内有桂北地区侗族的木结构密檐 11 层鼓楼，木结构面宽 10 米；有造型独特的戏台、各式风雨桥和规模较大的典型苗宅及演出厅，不仅设有民族舞蹈表演等设施，还增加了斗马等活动场。民族风情园得到了各界人士的青睐和好评，增添了桂林风景游览城市和历史文化名城的风采。

图 3-54　广西壮族自治区桂林市民俗风情园大门

图 3-55　广西壮族自治区桂林市民俗风情园苗寨立面图

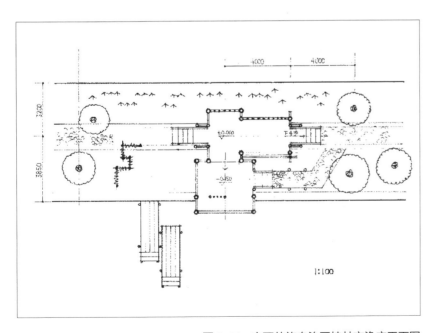

图 3-56　广西壮族自治区桂林市渔庄平面图

图 3-57　广西壮族自治区桂林市渔庄鸟瞰图

图 3-58 广西壮族自治区桂林市龙船坪美术馆鸟瞰图（陆楚石先生设计）

图 3-59 广西壮族自治区桂林市龙船坪美术馆临漓江立面图

图 3-60 广西壮族自治区桂林市龙船坪美术馆雕塑馆室内景观图

图 3-61 广西壮族自治区桂林市七星岩桂海碑林大门立面图（陆楚石先生设计）

风景建筑是利用新材料、新结构、新形式与内容的一致性，所表现的大胆的创作精神，所反映的是富有中国特色的建筑风格。

风景建筑的创作构思应特别注意"意境"的创造，就像创作画一样，意在笔先，才能创作出一幅意境深刻、形象生动的优秀作品。

创作新的民族风格的途径是多方面的，需要深入地进行研究探索，活跃创作思想，开辟更为广阔的创作天地。

创作思想的一个重要依据就是借鉴。我们不但要借鉴我国古代建筑文化的遗产，同时也要借鉴国外建筑的科学原理、创作理论、思想和新技术应用等，从中得到启发（图 3-63 ～图 3-71）。

图3-62　广西壮族自治区桂林市七星岩桂海碑林碑阁立面图（陆楚石先生设计）

图3-63　青岛小会堂立面图

图3-64　青岛小会堂景观图

图 3-65　上海某金鱼馆入口图

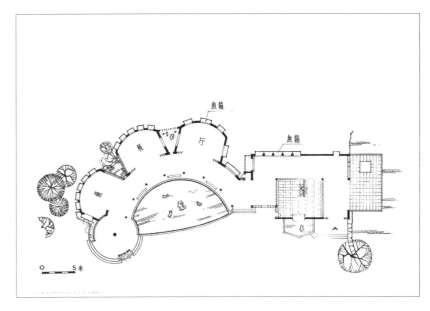

图 3-66　上海某金鱼馆平面图

图 3-67　上海某金鱼馆立面透视图

图 3-68　上海某金鱼馆室内展厅图

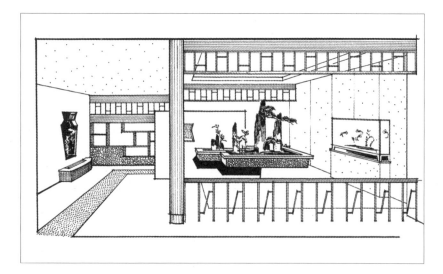

图 3-69　上海某金鱼馆庭院景观图

图 3-70　广西壮族自治区北海银滩观海阁图

我国古代园林建筑历史中，有丰富的内容可供继承和借鉴。如江西南昌的滕王阁（图3-3、图3-4）、湖北武昌的黄鹤楼（图3-5～图3-8）及湖南的岳阳楼（图3-9、图3-10），并列为我国三大名楼，是我国优秀的大型风景建筑。宋画中的滕王阁、黄鹤楼和元画中的岳阳楼气势都很壮观，建筑形式属于宫廷的角楼。绘画中建筑构造清晰、水面浩瀚。王勃在《滕王阁》序中写道："落霞与孤鹜齐飞，秋水共长天一色"，景象何等诗意。李白登黄鹤楼所写《黄鹤楼送孟浩然之广陵》诗中："孤帆远影碧空尽，唯见长江天际流"，登楼极目千里，气势波澜壮阔。清代重建黄鹤楼，建筑规模虽然小于宋画中的体量，但重檐楼宇、屋顶组合丰富，

图3-71 广西壮族自治区桂林市世纪探古乐园洞口建筑立面图（陆楚石先生设计）

图3-72 杭州花港观鱼室内和庭院图

建筑依然雄伟壮观。三座楼中唯独岳阳楼几经修缮至今依然巍立，自唐开元四年（716年）中书令张说修建岳阳楼时起，迄今已有一千二百多年的历史。这些历史上的风景建筑都面朝广袤的环境，而能在江湖边的高台基上建筑临风，巍峨耸立，且有这样雄伟的造型与环境与之相称，是很不容易的。它们是中国建筑史上的璀璨明珠。

我国古代园林建筑造型优美，屋顶随意变化，富有韵律感，建筑群体组合方式灵活丰富，主体和连接体的主从关系明确。在广阔开朗的环境中，建筑配合环境，达到气魄雄伟壮观的效果。在水如一勺的幽谷中，建筑结合地形，充分利用地形特点，创造因地制宜、随高就低、错落有致的外观，并做到建筑尺度轻盈、组合灵活。在建筑结合庭院的处理中，达到室内外空间流动效果，室内空间灵活分隔，讲究装修工艺，注重陈设布置（图3-72～图3-84）。总之，景观建筑的创作遵循：古为今用、洋为中用、推陈出新、百花齐放的方针。继承我国优秀建筑传统，加以改革创新，发扬光大。

图3-73 杭州花港观鱼庭院景观图

图3-74 杭州花港观鱼大门立面图

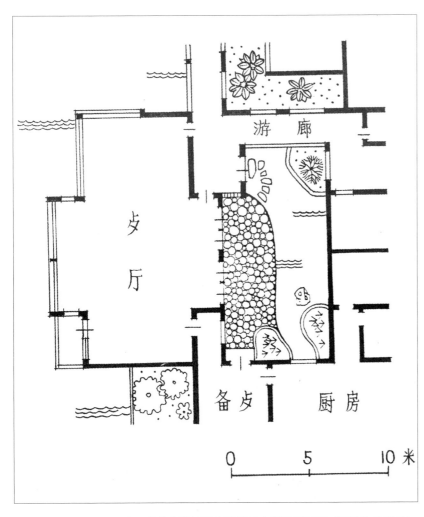

图 3-75 广西壮族自治区桂林榕湖饭店餐厅平面图（尚廓先生设计）

图 3-76 广西壮族自治区桂林榕湖饭店餐厅和景观图

图 3-77 某宾馆接待室庭院景观图（陆楚石先生设计）

图 3-78 广州白云宾馆庭院景观图

图 3-80 广州东方宾馆园景图

图 3-79 广州东方宾馆庭院景观

图 3-81 广州矿泉别墅园景小品图

图 3-82 广州矿泉别墅庭院景观图

图 3-83 广州矿泉别墅景观图

图 3-84 广州矿泉别墅景观图

第四节　制约因素

　　景观建筑是指城市公园、公共游览胜地及自然风景区的名胜古迹游览地所设的公共建筑。随着景观建筑的建设项目日益增多，创作中的实用、美观、经济的问题，是要求建筑师解决的具体问题。一般来说，建筑功能的基本因素中，任何建筑都需先满足使用功能的要求，才能达到建筑的目的。如一个展览馆首先要解决观众的观展问题，一个饭店要解决顾客的就餐问题……要解决好各类不同性质的功能分工和合理的流程。风景建筑的功能中，往往要解决休息、游览、眺望的特殊功能和风景建筑被观赏的功能，因此它不同于其他一般民用建筑，满足使用功能要求所考虑的经济和适用的同时，还需注意美观问题（图 3-85 ～图 3-87）。

图 3-85　广东顺德宾馆庭院图

图 3-86　广东顺德宾馆景观图

图 3-87 广东顺德宾馆庭院图

观赏问题作为功能的一部分，美观被提高到重要的地位。观赏功能包括两方面的因素：一是建筑造型美观，建筑成为风景的组成部分；二是建筑空间的处理，创造为人们活动的优美环境。空间和尺度必须体现赏心悦目。风景建筑的创作是在特定的环境中创造一定的意境或表达一定的风格，因此往往由于解决美观问题而调整功能关系，寻求二者之间得到合理而相互统一的方案。有经验的建筑师往往针对建筑造型上的构思、平面功能的构思、适当的装饰处理，这三者的空间关系同时进行考虑而完成。但这三者都只能在经济许可的范围内解决。风景建筑的标准不能脱离国民经济条件，而是与社会生产力发展相适应，必须在适当的标准下进行设计。除此以外，功能和建筑造型往往与建筑材料、结构形式、施工技术条件密切相关，否则即便在功能和美观上有良好的愿望，却受到材料和技术条件的限制而不能实现（图 3-88 ～图 3-92）。

图 3-88 广西壮族自治区桂林市恭城瑶族自治县龙虎乡景观建筑鸟瞰图
（陆楚石先生设计）

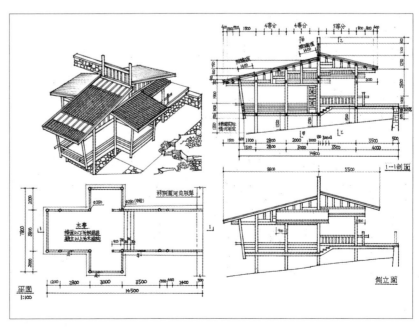

图 3-89 广西壮族自治区桂林市恭城瑶族自治县北洞源风雨桥景观建筑图

第五节　景观建筑与环境

自古以来，我国造园讲究建筑与环境的融合，山石、树木、水都成为有机的风景结构。讲究建筑空间邻虚，开敞流通。讲究色彩雅静，环境和谐（图3-93～图3-95）。

景观建筑的设计，第一要组织风景，第二要点缀风景。

前者要求选址于风景优美的环境，将建筑组织到游览路线之中，而建筑是游览线上的一个风景点。

后者要求建筑功能、建筑形式和自然环境有机结合在一起，起到画龙点睛的作用，成为景中之景。做到充分利用地形、地貌、周围环境特征，甚至一草一木、一山一石等自然条件，并视之为利用的对象，组织到建筑构图中，增添建筑景色，丰富空间情趣（图3-96～图3-98）。

风景建筑的空间，视为观赏空间的组合。在平面设计中，非常重视周围的风景因素，把室外的自然风景组织到室内空间来，作为人们休息观赏的活动中心。我国传统的园林建筑中，常结合布置庭园的手法，在庭园中布置人工的园林小品或花木，使建筑

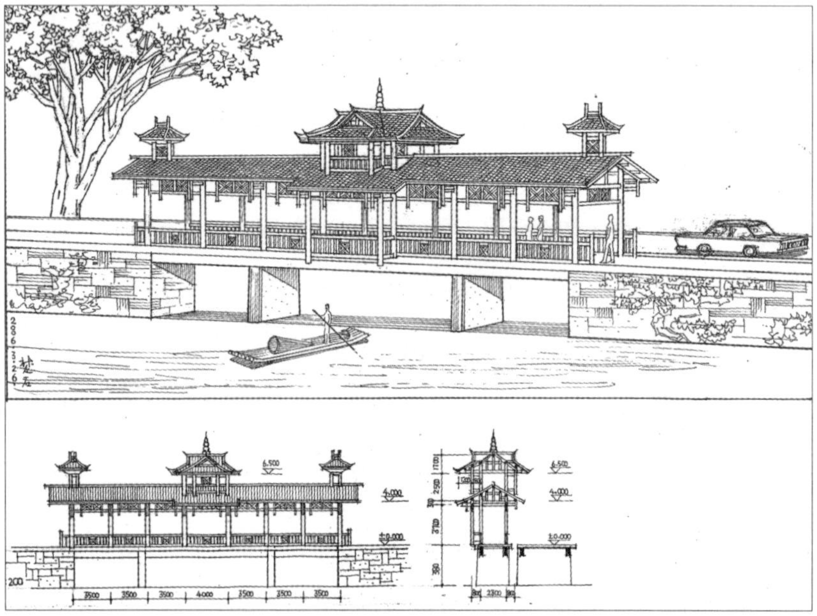

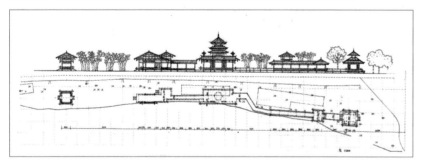

图3-90　广西壮族自治区桂林市恭城瑶族自治县北洞源风雨桥立面图

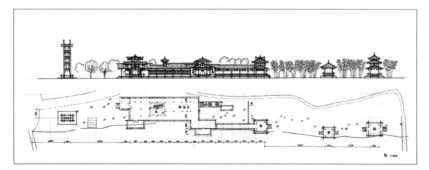

图3-91　广西壮族自治区恭城县社山村景观建筑立面图

图3-92　广西壮族自治区恭城县社山村景观建筑立面图

图3-93　杭州灵隐冷泉亭景观图

不但与室外的自然环境互相交融，同时与内庭院的景观也彼此渗透，再加上围合空间的相互穿插，因而建筑空间的景物关系千变万化，达到引人入胜、天趣洋溢的境界。

风景建筑设计无一定章法，处于不同环境，应该分别对待，如建筑在平地上，应花木映掩，形体别致，空间变化无穷；如建筑在山地上，应随势高下、高低错落、绀宇凌空；如建筑在水边，则卧波水际、水脉内外，宛若舫阁；若建筑在古建筑群中，建筑造型应该随古，风格古雅，才能协调。

总之，作为风景建筑，一定要使建筑入画，造型优美，起到装饰风景的作用（图3-99～图3-104）。

图3-94 云南石林三角亭景观图

图3-97 广西壮族自治区桂北猫儿山龙泉亭景观图

图3-95 江苏无锡鼋头渚（横卧太湖西北岸的一个半岛）太湖之滨六角亭景观图

图3-98 广西壮族自治区桂北猫儿山竹林亭景观图

图 3-96　广西壮族自治区桂林市桂海碑林曲水流觞景图

图 3-99　江苏省南京市玄武湖白苑餐厅立面图

图 3-100　江苏省南京市玄武湖白苑餐厅透视图

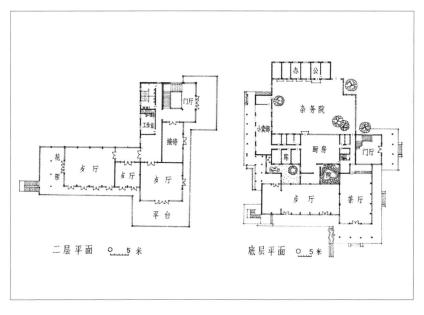

图 3-101　江苏省南京市玄武湖白苑餐厅平面图

第六节 实例分析

图 3-102 南京玄武湖白苑餐厅景观图

图 3-103 南京玄武湖白苑餐厅景观图

图 3-104 广西壮族自治区桂林市驼峰茶社立面图

中华人民共和国成立以来，各地建造了很多风景建筑，特别是近几年随着旅游事业的发展，风景建筑日渐增多。各地对于风景建筑的创作，按照园林规划的要求，利用新材料、新结构、新工艺，在传统的基础上加以创新，已经取得了可喜的成绩。

有的借鉴了古典园林的楼阁形式，如杭州的楼外楼酒家（图3-15～图3-19）、桂林的月牙楼（图3-25、图3-26）、小广寒（图3-27、图3-28）、龙隐洞的桂海碑林（图3-96）、泰山中天门（图3-105）、山东历城九顶塔（图3-106）、山东历城四门塔（图3-107），它们都是在解决功能的基础上与环境相协调，继承了优良的传统形式，适当地加以创新，使得建筑形象生动活泼、屋宇飞檐凌空、围廊空透，具有较大的玻璃采光面、室内明快、通风良好、空间组织丰富等特点。

有的借鉴了传统的民居风格，采用了民居的某些手法，如南京玄武湖的白苑饭店（图3-99～图3-103）、杭州花港观鱼茶社（图3-72～图3-74）、济南大明湖花展室（图3-48），桂林的驼峰茶社（图3-104）、桂林市花桥美术馆（图3-31、图3-32）和济南大明湖辛稼茶室（图3-48）等。这些建筑的共同特点：屋面都是坡屋顶悬山轻盈活泼，屋面随空间变化可灵活组合，并具有室内空间亲切、变化自由等特点。

有的采取突出主体建筑的小坡顶屋面，结合平屋面处理，其风格还保留着民居建筑的特点，如桂林伏波山休息亭和接待室建筑（图3-36～图3-40）。

有的在传统形式的基础上进行大胆革新，在形象和意境上有新的突破，如桂林伏波山休息建筑、桂林七星岩洞口步月亭和过廊亭（图3-33～图3-35）、芦笛岩餐厅等（图3-41、图3-42）。

有的创作构思巧妙，如桂林芦笛岩水榭（图3-45、图3-46），借鉴了古典园林中船舫笔意，由形似到神似，达到相得益彰。

图 3-105 山东泰山中天门建筑图

图 3-107 山东历城四门塔图（隋唐时期）

图 3-106 山东历城九顶塔图

有的与环境结合，建筑与自然融为一体，如桂林芦笛岩休息室（图 3-44）、桂林叠彩山休息亭、长沙爱晚亭、云南石林三角亭（图 3-94）、无锡鼋头渚太湖之滨六角亭（图 3-95）、杭州灵隐冷泉亭（图 3-93）等，达到悦人以景、感人以情、品味无穷的境界。

有的借鉴建筑意境，结合我国传统处理手法进行创作，别具风格，如上海西部动物园金鱼廊（图 3-65 ～ 图 3-69），在开敞的展厅之间穿插了各式天井，点缀尺石修竹，空间处理生动活泼；其他如上海植物园亭（图 3-108），利用水面和地形的独到之处，建筑物构图简洁、主从明确、空间关系流畅。这些都是比较成功的实例。

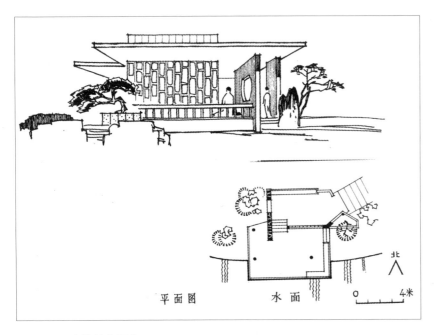

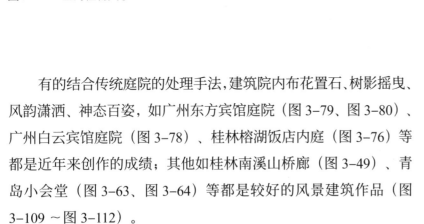

平面图　　　水 面　　　0　　　4米

北

图 3-108　上海植物园亭

图 3-109　广西壮族自治区桂林市风景区某亭

　　有的结合传统庭院的处理手法,建筑院内布花置石、树影摇曳、风韵潇洒、神态百姿,如广州东方宾馆庭院（图 3-79、图 3-80）、广州白云宾馆庭院（图 3-78）、桂林榕湖饭店内庭（图 3-76）等都是近年来创作的成绩;其他如桂林南溪山桥廊（图 3-49）、青岛小会堂（图 3-63、图 3-64）等都是较好的风景建筑作品（图 3-109 ～图 3-112）。

　　此外,园林建筑中花墙的处理非常丰富。有围环城庭,有蜿蜒山坡,有横卧波水,有的花窗一方、门洞一个,各具形态。墙

旁配置假山一角,或修篁一丛,小景生情。在传统做法的基础上有新的创作精神的作品,如杭州花港观鱼窗洞对景（图 3-72）、桂林世外桃源渊明山庄（图 3-52）、桂林民俗风情园（图 3-53）、湛江盆景园（图 2-39 ～图 2-42）利用墙面分隔空间,并在墙面上开各式窗洞,洞内安置千姿百态的盆景,配置奇异的热带植物,则成为丰富多彩的墙面盆景园,在传统的墙头小景基础上有了新的发展。

图 3-110　广西壮族自治区桂林市桂北龙尤乡某亭

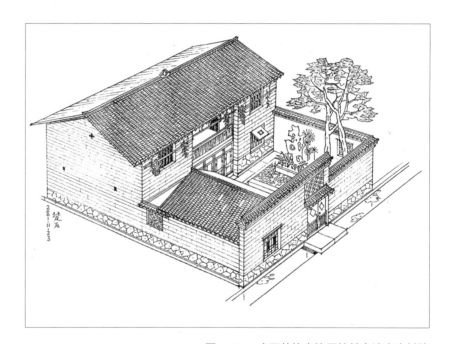

图 3-111　广西壮族自治区桂林市漓水庄村院

图 3-112　清某官员的住宅花园

第四章　园林植物配置

第一节　中国古典园林植物配置的理论基础

中国古典园林理论著作《园冶》一书写了很多植物配置的原则，归纳起来：在种植上因地制宜，在品种选择上利用自然的植物素材，在构图上要求自然。在植物造景方面也有一套成熟的理论，如在不同的环境中分别配置不同的植物，"院广堪梧，堤湾宜柳""移竹当窗，分梨为院""芍药宜栏、蔷薇未架；不妨凭石、最厌编屏"等。在利用自然植物方面，"摘景全留杂树，碍木删桠，泉流石柱，相互借资""选胜落村，藉参差之深树"。在构图上，"插柳沿堤，栽梅绕屋；结茅竹里，浚一派之长源；障锦山屏，列千寻之耸翠，虽由人作，宛自天开"，三五成聚，杂树参天，自成天然之趣。在意境的创作上，如"花间隐榭，水际安亭""通泉竹里，按景山巅，或翠筠茂密之阿，苍松蟠郁之麓"，又如"瑶瑶十里荷风，递香幽室，编篱种菊，因之陶令当年，锄岭栽梅，可并庾公故迹。寻幽移竹，对景莳花，桃李不言，似通津信"，写出了非常丰富的自然山水的植物配置意境。《园冶》中对植物意境的创作，也写出了很多风花雪月、闲情逸致的情调。

我国传统的园林植物配置，多采用自然式手法。由于我国造园思想是借自然环境之美，或借山林情趣，进行经营创作，植物多随造景的意图而布置。传统园林中除皇家的大型宫廷园林中较多地成片栽植外，私家园林的山水园中，采取以少胜多的办法，讲究树林姿态，常用乔木和灌木结合的办法造出山林气氛。也有植梅为岑，或种植榆、榉、枫杨、沙朴、槐树、竹丛和松柏为林的。溪涧水口处常植姿态优美的观赏乔木，沿堤栽柳。庭园空间中，常栽植色香俱全的名贵花木，构成精巧闲静的庭园风格，所谓"梧荫匝地，槐荫当庭"，也反映出一定的情调，如青桐如洗，玉堂富贵，石榴多子，龙凤牡丹等。在一些"处处虚邻，方方侧景"中，常栽植芭蕉、冬梅、修竹等，并常配置立石，达到"蕉影玲珑""寸石生情"的境界。

我国传统的造园中，不论皇家园林或私家园林，很少出现单一的观赏植物的景象空间，植物往往和山石、水池(或湖泊)、建筑、庭院、围墙结合布置。除自然风景区和堤岸外，很少出现行列式的林荫道，也没有出现雪松、龙柏上山进院的情况。后世造园者在创作新园林时，要考虑到传统的习惯概念。

第二节 植物配置对造园的意义

一、植物在园林中的作用

自古以来植物都是园林中的重要组成部分，若园林无植物，则无生气，就不能称为园林，所以，植物是造园的基本要素。

园林植物能具备调节小气候的功能。树林在夏季散热蒸发水分，使附近的气温下降，所以夏季进入公园，人们感到凉爽，气温得到调节。同时，树林之地风力受到阻碍而致使风速减低，减少空气中的扬尘。再者，树林吸收碳酸气，从而得到氧气含量较多的新鲜空气。有的植物还具有吸收有害气体等作用，均有益于人们健康。

此外，园林植物空间为人们提供群众性的活动场地。欣赏植物四季变化的景色，使人陶冶心情。植物不论在体型上、色彩上、配置艺术上，还是在组成风景环境的艺术效果中，都起重要作用，使人们在工作、生活、学习中有一个美好的休息、活动环境。

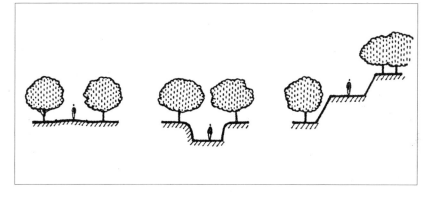

图4-1 穿行空间植物类型断面图

二、植物空间和意境

现代城市公园占地面积很大，建筑物密度不能像古典园林那样密集。大量的空间需要由植物来组成，因而出现了以植物为主景的园林空间。一种采用乔灌木围合而成的观赏性空间，称为景象空间；另一种空间形式是穿行空间。植物的穿行空间有两种情况：一种是植物的覆盖空间，在树林中穿行；另一种是路径穿行，用植物为主进行围挡而形成的空间（图4-1、图4-2）。两者在园林中都以其不同的意境取胜。

景象空间一般视野比较旷阔，铺上大片草皮，就像铺了绿色的地毯，达到统一植物空间的作用。在配置乔灌木时，常注意季相色彩的变换，以丰富空间。有的结合丘林环境，在草地上点缀顽石，配植地柏、草花等，加强草皮的观赏性（图4-3～图4-5）。

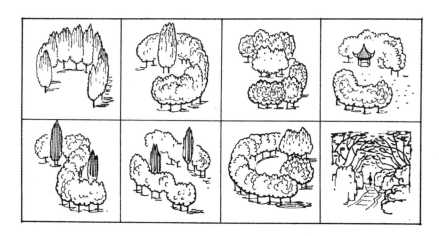

图4-2 各种植物围成的空间效果

图 4-3 植物前后主次围成的空间和立面图

图 4-4 植物组成的景观艺术

杭州花港观鱼的雪松草地（图 4-6），借草原意境，三面配植雪松作为背景，或前或后、三五成聚地自然栽植。东面配植一片樱花林，远山群峰映翠，草地视野向西湖展开，形成了一个美丽的植物环境；雪松体态美观，具有装饰性；天鹅绒草皮细软，颜色鲜绿，和雪松的色调分明、简洁而精致，配合西湖环境，组织成一个有机的植物空间。樱花盛开时，犹如彩云浮现，营造美丽的春景。在围合空间中，突出地栽植主景树。配置体态雄健的、或季相色彩强烈的，具有观赏价值的树种作为主景（图 4-7），周围的乔灌木起到背景或衬托作用。如杭州灵隐的枫香草地中的两株枫香树，是这一空间的主景，枫香树体态苍健，挺拔而高峻，在平坦而宽

旷的草地中巍巍壮观（图 4-8）。秋季色彩更为丰富，景色宜人（图 4-9、图 4-10）。以下列举设想的数种由主景树所组成的空间类型，分析主景树在不同的空间形式内所产生的空间变化。

树木可以在平地，也可以在山坡，供人们在林中休息和活动，如北京中山公园的柏树林（图 4-11）、上海复兴公园的法桐林（图 4-12）、桂林的红岩村广场竹丛林（图 4-13），虽然都是在平地上成林的，但三者所成的林荫效果截然不同。柏树林老态龙钟，躯干丝理挺健，在林中莽莽苍苍，妙意横生；法桐林气势雄健，枝叶茂密，遮天蔽日，叶形美观，在林中锻炼身体是理想的地方；竹丛林气氛更为特殊，竹竿相抱，飘逸潇洒，神思飞舞（图 4-14）。

图 4–5 杭州孤山的植物空间图

图 4–6 杭州花港观鱼雪松草地图

图 4–7 以墙为纸，墙前布置的植物为主景，形成园林景观，如同一幅小品画

图 4–8 杭州灵隐草坪侧景图

图 4–9 杭州西泠印社南向大草坪景观图

图4-10　杭州西泠印社土山坡草坪景观图

图4-11　北京中山公园侧柏林景观图

图4-12　上海复兴公园中的法桐林景观

图4-13　广西壮族自治区桂林市恭城瑶族自治县红岩村广场竹丛村景图

图 4-14 扬州大明寺方丈的紫竹院园景图

此外，如杭州环湖路的枫香林，千枝百叶，林木挺秀，一片波光潋潋的湖水衬托绿荫满翠的枫林，显得格外恬静淡雅；樟树林之晨（图 4-15），空气分外清新，樟木清香朴鼻，水雾蒙蒙中一缕缕初阳透过叶隙，一种晨曦清丽之美，展现在湖边的丘陵。这些都是植物配置在园林意境中的艺术作用。

林荫穿行空间，其空间构成大致有平地、山凹地和陡坡地三种。林荫道结合游览路线可自成景区，如杭州的云栖竹径（图 4-16～图 4-19），就是通过一条竹径，成为一个风景名胜点。路的两旁万竿参天，刚韧挺拔，山岗蜿蜒迤丽，溪流水声潺潺。

图 4-15 园林中的樟树林景观

图 4-16　杭州云栖竹径景观图（一）

图 4-17　杭州云栖竹径景观图（二）

图 4-18　杭州云栖竹径穿行空间中的景观图

图 4-19　杭州云栖登山道旁边的植物配置

竹林中还掺插一些香樟，高大森密，参天蔽日；洗心亭是隐蔽在云栖竹径内的一个景区，这里山涧流水，江流池中，清澈见底，使人感到十分娟秀。在翠绿漫天的环境中游览，给人一种清幽深邃而富有诗意的感觉。这是一条营造得非常成功的竹径，而且是很典型的园林穿行空间的范例。

我国传统造园的植物不是根据道路而配置的，而是从属于景区意境的需要而配置的。在自然风景园林的过渡空间中，结合游览路线才形成林荫道，城市园林中应尽量避免。园林中按景区围成空间的，道路贯穿于景区之中，如果见路就成林荫道，则势必破坏景区的完整性，因此要林中穿路，使路让树，不直冲配路。采用常绿树木分隔空间，成为现代公园中常用的手法。如江浙一带利用大叶冬青做绿墙，整齐高耸，空间分隔严密，是很理想的植物材料。其他如龙柏、松柏、雪松、广玉兰、黄杨等，同样能起到相应的效果。当然，也可采用常绿乔木的树冠配置灌木丛，

有前后两层或三层的，方法多样，如杭州槭树下种植杜鹃，当杜鹃花期时，观花、观叶相得益彰。

园林中，常绿乔木除了能分隔空间外，还能起框景作用，如当走进颐和园后，出仁寿殿往西，迎面布置了几组柏树林，从树干中透视佛香阁，形成了很好的剪影构图（图 4-20）；再如，杭州的玉皇山上一平台，配置了侧柏，从树干中透视钱塘江景色，船帆点点，风景构图如画，得到人荫、景亮的效果（图 4-21）。

我国古代诗词中有很多表达造园的意境。如唐常建诗云："竹径通幽处，禅房花木深"，即描述园林通过曲折的路径，花木掩映而得到幽深的意境。杭州三潭映月中有一处名为竹径通幽，路的两侧种植竹子，通过弯曲的小路，达到气氛深邃的境界，是园林绿化空间意境成功的案例之一。《园冶》中的"槐荫当庭，插柳沿堤"，西湖十景中的柳浪、曲院荷风，苏州园林中的雪香云蔚亭、浮翠阁、翠玲珑等，都是以植物为题材描述诗情画意的。虽然景有大小，大小景的凑合才成为园，但有的萱草组石，或一丛竹，或三棵树，也能成"景"。若处理得好都能创造美不胜收的境界。如图 4-22～图 4-27 所示。

图 4-20　北京颐和园中在侧柏林看佛香阁景观图

图 4-21　杭州玉皇山柏树林景观图

图 4-22　杭州西湖平湖秋月月台大叶柳景观图

图 4-23　杭州平湖秋月建筑边的夹竹桃景观图

图 4-25　北京颐和园垂柳

图4-24　广西壮族自治区桂林紫州群植竹丛图

第三节
植物与山、水、建筑、庭园的关系

植物除独立组成景区空间外，也与山、水、建筑、庭园关系密切。在中国古典园林中，植物处于园林环境的从属地位，很少用植物材料组成景象空间，在"自然式"植物配置方面积累了丰富的经验。将树林、花卉或攀缘植物与丘陵、假山、水面或溪流有机地结合起来，所形成的艺术空间，使人们感到自然亲切，景物变化无穷（图 4-28 ～图 4-31）。

图 4-26 南京瞻园中竹林石笋图

图 4-27 桂林阳朔大榕树竹耸石山景观图

图 4-29 新疆维吾尔族自治区伊犁宾馆榆树林景观

图 4-28　园林中的樟树林景观

园林中不论土山、假山或自然山野要成为风景，都离不开植物。唐代王维在《山水论》中说："山藉树而为衣，树藉山而为骨。树不可繁，要见山之秀丽，山不可乱，须显树之精神。"可见绘画中山和植物的关系是密切联系的，荒山秃岭是不会出景的，自然风景区的山林观赏点，对于自然植物必须加以剪裁整理，过密的山林加以削减，不美的树种要去除，阻碍视线者要修剪。

图 4-30 广西壮族自治区桂林市李宗仁故居中的莲树

图 4-31 树林与建筑

对于假山的植物配置，要和假山的动势相配合，切忌种植和假山体态不相协调的雪松、棕榈等植物，如清故宫御花园的假山配置了白皮松，效果很好（图4-32）。植物与山相结合形成山林、树荫谷地、林间盆地等，如颐和园后山的松径，从谐趣园到松堂（图4-33），一路龙钟苍松，参天蔽日，山冈盘绕，逶迤葱茏，松风长啸，使人感到置身于崇山峻岭之中；又如谐趣园的寻诗径（图4-34），路旁人工假山壁垒，曲折迂回，山上大果榆覆盖顶空（图4-35），枝干相互穿插，叶绿明透，如绿色的荫棚，身临其境，宛如在深山幽谷之中；杭州孤山的背阴处，西北方向有一块山凹坡地，山冈上的麻栎、乌桕等，组成丰满的山林，秋季颜色红艳，坡脚配置海桐数丛，藉以遮掩林脚，坡地满铺草皮，林间点缀羊群雕塑，丰富山野意境；虎丘的后山岗上种满竹成林，苍翠欲滴，

图4-32 北京故宫御花园内白皮松景观图

图4-33 北京颐和园松堂景观图

图4-34 北京颐和园内的谐趣园寻诗径效果图（灌木林大果榆，秋天黄叶、红叶）

图4-35 颐和园谐趣园假山走廊图（大果榆灌木）

在盘道平台转折处种大香樟，体现了统一背景中重点突出的效果；济南千佛山盘道休息平台处，同样配置了一棵朴树，效果也很好（图4-36）；北京景山公园五亭的盘道转折处种白皮松，丰富了路径（图4-37）；驰名世界的泰山中部，平台上种了五棵松树，名为五大夫松（图4-38），树枝虬屈，犹如群龙探海，在崇山峻岭之中，使人感到苍劲深邃、老态龙钟之美。对于局部的土冈或庭园一角，若能配置叶形或树冠美观的灌木，如棕榈、苏铁、海桐、黄桐等，使之三五成聚、大小相间地自由种植，则能得到更好的效果。若同时配置山石、地被植物，则对于空间的装饰效果就更为完美。

图 4-36 路边的朴树图

图 4-37 北京景山公园盘道边的白皮松景观图

图 4-38　山东泰山五大夫松图

水体是造园的重要手段之一，常利用水面布置最重要的景象。植物配置随着不同的水形和不同的景象要求，随空间大小而变化，如湖泊、河流、水池、溪涧等，各具特点。一般来说，湖泊要求树木进退自然，水池要求树木姿态，溪涧要求覆盖，水口要求掩藏。建筑物需要倒影，配置水生植物需注意留空。池中小岛不宜栽种高大的树木，可以造绿洲或花岛等。在自然式的池岸和河流边，不应千篇一律地配置单一的种类，也不宜等距离栽植。将体态优美的、色泽美丽的树种，栽植于水岸线的凸出处，用数棵或几组骨干树栽植于岸边，控制全局，然后再配置一般树种，就能重点突出，丰富水景（图 4-39、图 4-40）。

图 4-39　园林水景树景观

图 4-40 杭州市湖滨香樟树图

图 4-41 杭州花港观鱼大草坪与主景树枫香

　　植物与堤岸的造景中，如杭州的花港观鱼（图 4-41），大草坪与主景树枫香相得益彰，岸边的小景布置也自然成趣；杭州西湖有名的白堤上，平湖秋月附近的大叶柳，形态壮健，树旁配置了桃树，所谓一株杨柳一株桃，成为有名的西湖特色（图 4-42）；北京动物园河岸边栽植的钻天杨高耸挺立，打破了天际线的视觉感，气氛犹新（图 4-43）；广州流花湖边的大榕树（图 4-44），树冠巍峨，浓荫蔽日，枝干触水，盘根错节，树下设置树桩形桌椅，在这方树荫遮盖的空间内，成功地满足了园林的功能要求；再如大明湖历下亭湖边树荫休息处的意境（图 4-45）。

　　在辽阔的江湖岸边选择风景构图中的重要位置，配置气势雄健的树种，可使它控制一定的环境，如北方的柏树、旱柳，江浙

图 4-42 杭州西湖边一株柳树一株桃景观图（大叶柳）

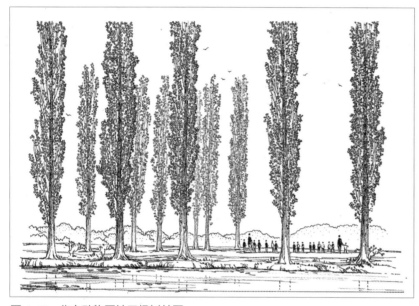

图 4-43 北京动物园钻天杨树林图

的香樟、沙朴、枫香、银杏，两广的榕树等，都能达到良好的效果。

　　园林建筑必须要有姿态优美的树木配合，才能使建筑物辉映出景。因此，景观建筑设计不但要立面构图美观，而且要十分重视与树木的配置，才能使建筑物增添自然美的生动风貌。留园曲溪楼旁及拙政园香洲东侧的古树枯死，再也难以弥补建筑构图中的不足。所以植物配置要成为建筑造型中不可分割的一部分，而绝不是可有可无的东西。但若配置不好，喧宾夺主，则会使建筑逊色。此外，利用植物手段还能遮掩和弥补建筑构图中的缺陷。我国传统造园中，植物和建筑配置的经验十分丰富，值得后世造园者研究借鉴，如北海公园静心斋内韵琴斋南山墙头的亭子，旁边配置了一棵楸树，画面构图从此完整（图 4-46）；北海公园碑

图 4-44 广州流花公园小叶榕树景观图

图 4-45 山东济南大明湖法桐树林景观图

图 4-46 北京北海公园静心斋旁边楸树图

图 4-47 北京北海公园碑林和侧柏林景观图

图 4-48　北京北海公园五角枫景观树

图 4-49　五角枫景观树（秋天叶红）

林前配置侧柏，与古建筑配合得体（图 4-47）；杭州平湖秋月御书楼的台基一角种了夹竹桃，丰富了建筑形象（图 4-23）；谐趣园的寻诗径，在山谷的尽端与游廊相接，上有大果榆树，配合了游廊的构图（图 4-35）。植物除了配合建筑的构图外，在风景结构中能起近景衬托作用，如北海公园琼华岛上的建筑前配置了五角枫，使远景显得更有层次（图 4-48、图 4-49）。

在庭院中配置植物使庭院有较好的蔽荫，景象四季变幻，如济南趵突泉中，展室后庭有臭椿一株，覆盖院内，枝叶垂昂，老态有致；杭州西泠印社三山雨露图书室前，配置竹丛和印泉一方，

组成了良好的景象，西侧曲径通幽，日光透滤绿色，分外宁静（图 4-50）。在规则的建筑空间中，植物和花台的布置宜采取规则或对称的排列方式，有助于规则的建筑空间中气氛更有条理，如北京雍和宫庭中对称地种了黄金树，叶姿大方富态，和建筑关系配置良好，是很好的庭荫树（图 4-51）。在古建园林中，对于植物的种植，必须慎重，要重姿态，不能配置雪松、塔柏之类整型的树木。植物和墙头的配置，往往结合花漏窗或门洞，形成生动的构图。如图 4-52 所示沧浪亭墙前芭蕉，其鲜翠欲滴、婀娜多姿的形象和圆洞门构成生动的图画。

图 4-50　杭州西泠印社登山道竹丛图

图 4-51　北京雍和宫黄金树树景图

◎ 黄金树叶大成组，夏季在叶中夹着一条条豆角，蔽荫极好，叶子的装饰性强，适宜种在庭园中。

图 4-52　苏州沧浪亭芭蕉门洞景观图

第四节 园林植物配置的科学性与艺术性分析

一、观赏特征

园林植物配置，有科学性的一面，也有艺术性的一面。科学性的方面，必须遵循植物的生态、生长条件和观赏特征的规律，离开了植物学条件，植物空间的艺术效果就无法实现。选择适当的植物材料使配置有条理、有艺术性，是为了达到某一意境而做的努力。

植物是园林四季季相变化中最活跃、最重要的因素。园林植物以花、果、形、味、色、声等特征，为人们所欣赏。根据各地区不同乔木、灌木、花卉的植物学特性做四季景象的安排，使园林四季都能鲜花盛开、繁花似锦。园林艺术性结合实用性是造园事业中具有广阔前途的课题。人们所喜爱的丰硕果实，如石榴、桔柑、无花果、柿子、核桃、板栗、橡子[①]等园林植物既有观赏价值，又有经济收益，既好看又实惠。树叶有针叶、阔叶之分。针叶树如松、柏、杉等，为常绿树种；庭院中、园路旁或要求蔽荫的地方，宜栽阔叶树，如黄金树、七叶树、梧桐树、白玉兰、广玉兰等，叶形美观，都是庭园中观赏价值很高的树种。法桐、枫杨等都是叶大、蔽荫很好的树种，如樟树（图4-53、图4-54）、银杏（图4-55、图4-56）、槐树（图4-57、图4-58）、楸树（图4-46）、沙朴（图4-36）、枫杨（图4-59）、南方的榕树（图4-44、图4-60）、木棉等都是冠形挺坚、气势雄伟的树种，可作孤植的重点观赏树。植物中乔木的形态变化万千，有的挺拔，有的纤细，有的盘曲，有的老态龙钟，有的欹斜探水，有的壮志凌云，有的婀娜多姿等，若配置恰当，则能创造出美不胜收的空间景象，如图4-61～图4-76所示。

图4-53 杭州钱塘江边的老樟树图

图4-54 杭州市湖滨樟树景观图

---

① 杭州地区把麻栎、白栎、青栲等的果子俗称"橡子"。

图 4-55　北京大觉寺银杏树秋景图

图 4-57　北京洋槐树景图

图 4-56　广西壮族自治区桂林海洋乡银杏人家景观图

图 4-58 北京中山公园国槐图

图 4-59 杭州九溪十八涧枫杨树

图 4-60 广西壮族自治区北海林荫道中的小叶榕树

图 4-61　江西庐山名树三宝树柳杉银杏图

图 4-62　安徽黄山名松

图 4-63　北京动物园臭椿图

图 4-64　白蜡树图

◎　白蜡树枝干生长两侧对生，以一对对主干上轮生，非常漂亮。

图 4-65 合欢树（园林中的景观树）

图 4-67 芦苇（芦花的景观效果很好）

图 4-66 杉树（可作景观树）

图 4-68 苏铁（在园林中常见的观赏植物）

图 4-69　仙人掌（耐旱植物）

图 4-71　龙柏（景观树）

图 4-70　湛江南洋杉

图 4-72　侧柏（景观树）

图 4-73 棕榈景观树

图 4-74 新疆维吾尔族自治区天山云杉

植物还具有清香四溢、香味浓郁的特性，如桂花、墨红、栀子花、茉莉花、岩蔷薇等，它们不仅有很高的观赏效果，还芳香馥郁，可提练香料。植物色彩，除花朵万紫千红的外，绿叶中有浅绿、翠绿、深绿等颜色，乔木中如银杏、乌桕、无患子、红枫、七叶树等，都有颜色鲜艳的红叶和黄叶。雪松、侧柏、马尾松、广玉兰等，都有叶色深绿苍翠的色泽，互相衬托。园林植物不但能品味阅色，而且能听声，成为风景环境中的特殊意境，如毛白杨（图4-77、图4-78），又称响杨，风吹树叶就会呼啸、池荷听雨，"梧桐一叶弄秋晴"等借风雨对植物所产生的音响作为意境，以丰富园林景色。

观赏植物的种类有乔木、灌木、攀缘植物、花卉、地被植物、水生植物等，由于气候的关系，构成了从南到北植被的变化。植

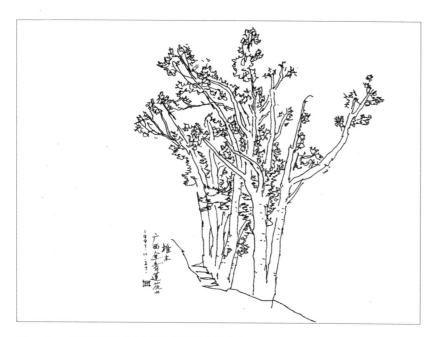

图4-75 广西壮族自治区金秀县莲花山的椎木

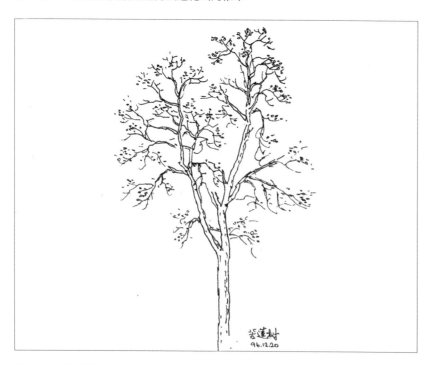

图4-76 苦楝树

图4-77 北京北海公园毛白杨树景图

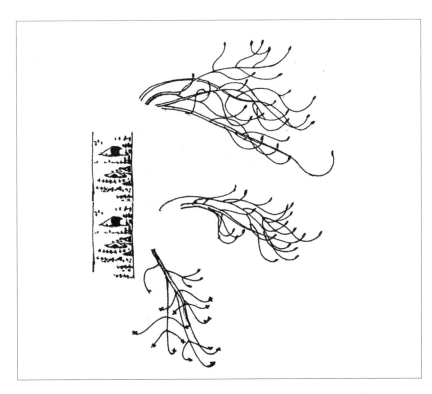

图 4-78 白毛杨树枝和特征图

物的艺术配置，如大家所熟知的柳喜水、松喜旱、牡丹宜种于排水顺利而高爽的地方等，就是根据植物的宜湿宜旱、耐阴、喜阳、避风、怕烟等不同习性，适合当地气候条件、土壤条件及密切结合观赏效果和一定的经济价值，合理地选择植物进行配置。植物都有它的幼年、成年和衰萎期。在幼年期，树木稀矮，不能达到预期的设计效果，一般成年期后才能见效。发育良好的每一种植物，成年期都舒展着美丽的姿色。有些树种到衰老期，形态就不佳了，但也有些种类，如松、柏、樟、国槐、银杏、榕树等越老才越能显出它们龙钟苍劲的姿态。不同的植物，有的生长速度快，有的则慢。速生树往往树龄短，姿态不好，木质也差；慢长树，

在短期内不易达到景象的设计要求，因而植物配置先密后松是造园必须经历的过程。

二、艺术构图

植物的平面布置，有单植、群植、丛植、片植、列植等。植宜奇，要有姿色，独树一帜，才耐看；乔木成群不宜散，否则就会零乱；灌木宜丛植，花开一片景色宜人。背景树成片成列，宜围挡，分隔空间，阻挡视线。乔木是形成植物空间的主要树种，树种要多，而挤在一起就会显得杂乱，不能得到音律效果。但也不宜过于单一，否则会感到单调。背景树有常绿的，有落叶的，有作前后二层处理的，也有做前中后三层处理的，花期应相互交替，前排花灌木，宜矮。在形成空间时，乔灌木的位置不一定成排成圈地呆板布置，可以做适当变化，使空间效果既完整，又有一定的自然变化。避免形式整齐，体形重复。在同一环境里，配植乔灌木时，必须考虑配置几个不同花期的植物，也要注意不同品种在同一个时间内开花。花灌木的配置必须成片、成丛地栽植，所获得的色调互相辉映。要注意其统一性、韵律感，不能杂种无章。如图 4-79～图 4-90 所示。

自然式的平面布置，在一定范围内宜采用不等边的三点布置法，立面也可相应采用这一关系。由于视线的透视原因，虽然栽种同一种树木，也能在空间出现近高远低的变化。但实际上还是等高的。三点构图中要强调主景突出，将其中一点提高地形，或换高耸的种类，都是有效的。若将高大巍伟的品种配置于不等边三点的形式中心，也能相应地得到主体突出而均衡的变化。

对比是在植物艺术配置中值得注意的另一规律。要使主景树突出，必须善于利用对比的方法。若将主景树种离开顺列树而置于首位，景物得到对比，如在深绿色的统一背景下突然出现单一

图 4-79　竹丛姿色图

图 4-80　秋景栾树图

的黄色的树①，就显得分外妖艳。如在整齐的灌木丛中出现几株乔木，在以天空为背景的苍穹中兀立，姿色更为美丽。又如有几株雄伟的银杏，在墨色山峦的背景下也会令人神怡。高耸的树种，如水杉、枫杨、龙柏等，配置低矮的灌木，就更显得出众。以上举例都是依靠对比的原理使主景突出。

植物配置加强音律感也是重要的方法，如杭州涌金公园的一条曲径，配置了一丛丛海桐，人在曲路上经过很有韵味。

图4-82 各种姿态的植物盆栽艺术

图4-81 秋冬时的群栽植物姿色图

① 栾树：观赏特征，落叶乔木高可达20米，树皮灰褐色，细纵裂。羽状复叶，小叶7～15枚，卵形或椭圆形，叶缘有不规则状深裂或粗大锯齿，春发嫩叶红色，秋季变黄，6月初满树盛开顶生大型圆锥花序黄色小花，朔果呈灯笼状，秋季变红，成褐红色，艳丽悦目。

图4-83 苏州留园中的盆栽

图 4-84　各种姿态的植物盆栽艺

图 4-86　姿态优美的植物栽艺

图 4-85　庭院观赏树

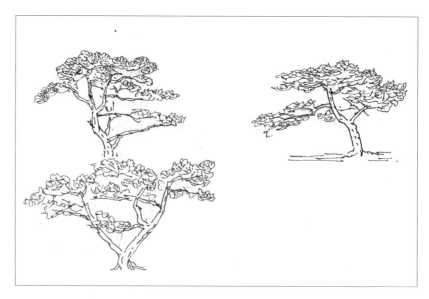

图 4-87　苏州留园的盆栽植物，称为云片"姿态"的盆景

植物构图在园林艺术配置中起重要的作用，掌握了这一规律，就能控制自然的变化，达到预期的设计效果，从而能减少杂乱无章的现象。

在设计空间效果时，必须考虑植物的空间尺度。假设在圆形空间中，若以成年植物为标准，考虑人的中心观赏视距等于乔木成年期高度的 1.5 ~ 2 倍为宜，幼年期树高约为中心视距的 2.5 ~ 3 倍。当树高大于人的中心视距时，树木就高耸，乔木周围不宜再配置灌木，应该开拓视野。当视距等于树高的一半，那么树木的空间感就成为林道了。考虑到成年期乔木立面林延线的水平长度，最佳水平视角约 60° 左右。因此当组织植物空间时，要善于应用这些尺度，创造巍峨、挺拔，或轻快明朗，或绚丽精致，或五彩缤纷等不同风格的植物空间，来表达不同的性格和主题。

图 4-88　济南趵突泉庭院洋槐

图 4-89　广西壮族自治区南宁人民公园白龙餐厅树景图

明钏
大榕村 1983.4.27.

图 4-90　广西壮族自治区桂林阳朔大榕树图

第五章　园林假山

第一节 假山创作和绘画的关系

由于地理或地形的局限，江南或上海一带没有自然山岗，园林中利用自然山水有困难，因此发明了假山，即用自然石块堆叠起来形成山脉。叠山是一门艺术，苏州园林中很多山都是用挖池堆山的方法而形成，将挖的土堆成山，周围用石块包围形成山岗，种植乔木，形成山林环境。

自宋代以来，假山成为我国园林中不可缺少的东西，形成了我国造园的特殊风格。我国园林追溯至秦汉，虽然已有构石为山的记载，但那时主要集自然之美，以利用自然环境为主。宋徽宗赵佶是个画家，对玩山弄石也颇有兴致。伴随着上层统治阶级追求享受的强烈欲望，身居市井而又能赏玩自然山林的造园艺术得到发展。假山的布局和塑造都借鉴于自然界的山体特征，但自然

之广大到咫尺山林，从真山到假山是有很大距离的。自宋以来随着山水画的成熟，借山水画家在尺幅的平面上浓缩五岳所积累的经验，由画面到立体空间比自然界的"五岳"要直接得多，再通过从事绘画的造园家进一步的深入观察，理解自然山林，对于假山的布局和章法起了决定性的作用。在他们的指导和实践下培养了一批专业叠山匠师，如今北京、扬州、苏州、杭州地区仍有以叠山为业的祖传匠人，他们虽然不会绘画，但对于叠山的选石、用石、纹理掌握、技巧结构等方面积累了一套成熟的经验。有些叠山匠人对于假山的特征和画理均有所理解，在和画家的合作之下，创造了千姿百态的假山艺术，成为我国造园中独树一帜的明珠，如图5-1～图5-4所示。

图5-1 北京故宫御花园御景亭假山喷泉图

图5-2 扬州天平山大明寺园林假山图

图 5-3 北京北海公园古柯亭庭院假山图

图 5-4　台湾民俗村龙宫和迷宫的假山外观图

第二节　假山的种类

假山有湖石假山、黄石假山、青石假山（图5-5），有土石相间的山岗、石包土假山和简单的土岗等处理方法。假山随着用石的不同而各具特色。湖石色泽青灰，有点带土黄，有的色灰白，表面多沥，圆坎空透，岩石云纹，构图疑云。如苏州的环秀山庄假山（图5-6）、扬州的小盘谷假山、北京故宫的乾隆花园假山（图5-7）、文渊阁假山等，这类假山都以近景为主。黄石大体平整，表面纹理一般，颜色带红；叠山介理平整，大小相兼，重叠覆压，气魄雄伟险峻。如现有的上海豫园假山（图5-8）、常熟燕园假山（图5-9、图5-10）、扬州个园假山等（图5-11～图5-15），北京也用青石片岩叠假山。在清代的宅园中使用较为广泛，其特点是颜色青绿，横向纹理结构。

不论黄石、湖石或其他山石，只要石面多沥、纹理清晰，都可堆叠假山，惟叠山时注意纹理和石块自身的介理取得一致，就能获得良好的效果。有的假山都是用山石叠成，有的以山石为主，背里用土，便于栽植树木，此类假山能叠出悬崖、峭壁、峡谷、

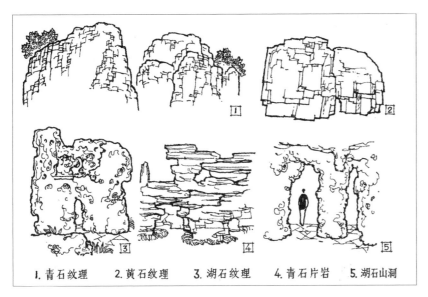

1. 青石纹理　2. 黄石纹理　3. 湖石纹理　4. 青石片岩　5. 湖石山洞

图5-5　各种假山石的纹理

南立面

西南立面

西立面

图5-6　苏州环秀山庄的湖石假山图

◎ 山的动势，植物和动势的配合。

峰峦、洞穴等山体特征，适宜于在范围不大的空间内营造，更多适宜于墙头一角、庭园一山一峰等，造型生动耐看，庭园显得精巧，陈设性较强，适宜于静观的空间（图5-16～图5-26）。

面积较大的园子，宜以土山为主的岗，造成自然山野苍翠古拙的效果。在坡脚、盘道、水矶处做重点山石处理，或在视角构图中重要的部位，做局部叠石处理，以加强山体的形象特征，如拙政园、沧浪亭、寄畅园、留园的山林。由于土岗活动频繁，水土流失，植物不易生长，最好采用局部包石的方法。石包土的假山以留园中部为代表，土山表面均有叠石和盘道砌筑，不露土层，不做山洞，效果比较精致（图5-27）。近代园林常用土山分隔空间，配置花木，形成良好的山林环境（图5-28）。

图5-7 北京故宫乾隆花园南向第一进东南角庭院内假山角亭图

图5-8 上海豫园假山瀑布图

图 5-9　江苏常熟市燕园入口假山图（传说是清代假山名师戈裕良堆叠）

图 5-11　江苏扬州个园春假山图（竹林中配置石笋为宜）

图 5-12　江苏扬州个园湖石假山外貌图

图 5-10　江苏常熟市燕园假山图（传说是清代假山名师戈裕良堆叠）

图 5-13　江苏扬州个园湖石假山洞内石桥图

图 5-14　江苏扬州个园黄石假山图

图 5-15　江苏扬州个园冬假山图

图 5-16　石山图

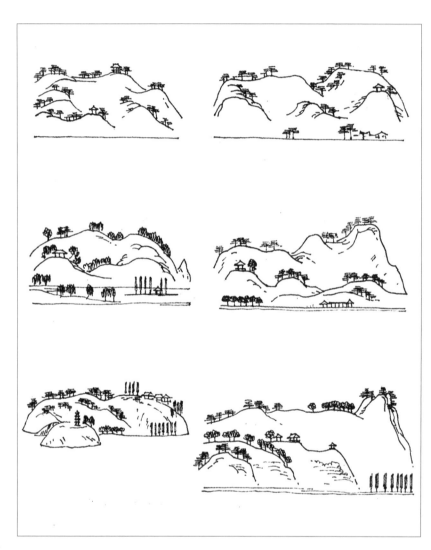

图 5-17　各种形态的山（一）

图 5-18　各种形态的山（二）

图 5-19 各种形态的山（三）

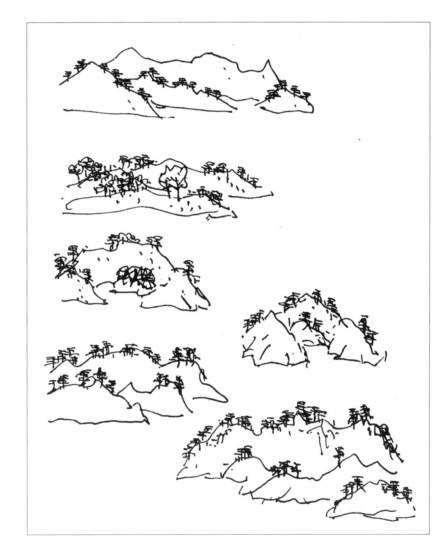

图 5-20 各种形态的山（四）

图 5-21 各种形态的山（五）

图 5-22 各种形态的山（六）

图 5-23　各种形态的山（七）

图 5-24　各种形态的山（八）

图 5-25 各种形态的山（九）

图 5-26 各种形态的山（十）

图 5-27　苏州留园冠云峰假山楼梯图

图 5-28　上海龙华盆景园土山花池景观图

第三节　假山的布局和造型

中国传统园林中，往往入口后迎面先见假山立壁，以阻隔园内景物，但感觉已经进入园林，犹如戏剧的序幕。穿过岩溶陡壁后，园貌为之一新，如故宫乾隆花园的假山屏风（图 5-29）。在山水园中，假山常作为主要观景对象，其位置都作为主要厅堂的对景。假山来源于自然，借绘画中总结自然山水的原理，其章法与山水画有类似之处。假山的布局讲究脉络，如《画论》中所讲："主山来龙起伏有环抱，客山朝揖相随"，与画面的构图相似，气脉相互贯通。如见拙政园的主客山关系布局，就是主山高峻客山随的用意（图 5-30）。静心斋、怡园的假山主山侧者客山背，远近山互相衬托，做到"山外有山虽断而不断"（图 5-31）。苏州环秀山庄的假山，山有动势，向前倾而势转，两山相交处出流泉；两崖相逼处，水从峡谷中幽出（图 2-116）。上海豫园假山"飞瀑千寻，必出于峭壁万丈"，悬崖瀑布下必有山洞，水才有所归（图 5-8），假山瀑布前架桥于洞上，或设亭于瀑边，都是为了观赏瀑之奇景。济南黑虎泉挡土墙处理成悬崖峭壁，使清泉与山林环境联系起来（图 5-32）。扬州假山喜欢做水洞，石桥从洞中延伸，或出洞后步石水面，都是良好的意境。个园中有四季假山，春笋从土中崛起，春意盎然；夏山为湖石假山，假山下有水池，水假山有清凉之意；秋山为黄石假山层峦叠嶂，见山容之嶙峋，秋树萧瑟，登高瞭望，有秋高气爽之感；冬山为庭前假山，用白色的石块堆成，规模不大，围炉客赏。土山平缓，盖四时景色（图 5-11～图 5-15）。济南大明湖土山前配合节日演出，借云南石林意境，设计假山为背景的自然舞台，在台上点缀山石主峰，观赏两宜，是一种创新的尝试（图 5-33）。

图 5-29　北京故宫乾隆花园入口屏风假山效果图

图 5-30 苏州拙政园的假山山景图（假山要分主山、客山）

图 5-31 北京北海公园内静心斋假山鸟瞰图

山往往和水相联系，所谓"山水要环抱，水随山转，山因水活"。山得水而秀，水得山而媚，得建筑显山之精神，方能观山巅之巍峨，见山之苍翠，藤萝蔓衍，蝉声喧哗才显出浑厚腴润之感。假山脉理贯通全在道路分明，山涧溪流必有水口，水口处顽石一二显得山深幽谷，清流激湍（图5-34、图5-35）。

假山的造型，要表现它有代表性的特征。叠山的过程，是将自然界的山岳经过提炼和再创造的过程。它应该比自然界中的山林形象的特征更为典型，也是去粗取精地剪辑自然山水的过程。概括起来，自然山林有深岩峻岭；有冈峦者为峰，园者为峦；有立壁悬崖，或随崖路转；有峡谷涉水，

图 5-32 山东济南市黑虎泉琵琶桥头假山图

图 5-33 济南大明湖南丰祠广场舞台假山图

或矶石寒滩，或穿洞引渡等（图 5-36 ～图 5-38）。

如果掌握这些山体特征和内在联系，经过形象构思，就能融会贯通地创作假山新形象。叠石的技法要斜取势，欲出先进，欲悬根压，纹理通顺，介理清晰，坚固而不臃肿，玲珑而不轻浮。雍山宜于空腹，实里求虚。造山要从整体出发，立峰不宜孤单，不可追求奇峰相争，山峦要土石覆盖，不可怪石林立。石宜于用表，石宜于立峰。坡脚须顽石伏根，半露半埋。组石须大小攒聚，高低相兼（图 5-39 ～图 5-46）。石山须立峰深水，土山须浅水沙滩。山路蹬道宜片石冰纹，叠山布石须预留种植池穴。立峰点石宜用地被植物坡脚。凡此种种，有真有假，做假为真，因地制宜，灵活处理（图 5-47、图 5-48）。

一个好的假山作品，必须要意境、技巧、形象三者结合得巧妙，才能称为佳作。我国园林中有三者结合得很好的实例，如湖石假山——苏州的环秀山庄；黄石假山——上海的豫园；土石结合的假山——苏州的拙政园都是代表作。但古典园林中，有些虽然技巧很高，但因缺乏意境而致假山艺术造诣受影响的例子，如苏州狮子林假山，是一座趣味性的假山，以叠山洞见长。有些具有一定意境但由于形象不好，叹为可惜，如留园中部的主山，山上怪石林立，都不是成功的例子。也有些假山追求形，如狮、虎、叠猫、做狗，都是非常庸俗之作。传统假山中的这类例子，应列为败笔。还有些假山怪石林立，峰峦无章，坑道成龙，犹似猴山，实属胸无丘壑，缺乏艺术修养。

图 5-34　山水图

图 5-35　山峰及溪流图

图 5-36　假山立面图

◎ 假山群要有主峰，峰要有前后，峰要有高低错落，峰之间要有联系，假山要与植物搭配起来。

图 5-37　假山堆叠图

◎ 假山忌讳煤堆状，峰峦要有脉络，来龙起伏，要有动感。山峰要险峻，山壁要有肌理，要自然，山体上要留石缝，石缝里填土，便于植物生长。山是骨，植物是衣，假山没有植物就没有感染力，假山就不丰满。

图 5-38　瀑布型假山图

◎ 建造瀑布型假山，首先要确定瀑布的类型。瀑布的类型有：缕体瀑布、泻体瀑布、宽面瀑布。瀑布在两峰之间倾泻而下比较自然，挺着肚子下水形象不好。瀑布最好留一个蓄水池，从水池中流下有一个缓冲，流到水池常常和深潭的形态结合起来。悬崖的水面上要放置散石，意思是悬崖峭壁容易掉落散石，所以常在壁下放小石块。

图 5-40　组石图（一）

◎ 石组的布置要注意三角形构图法。

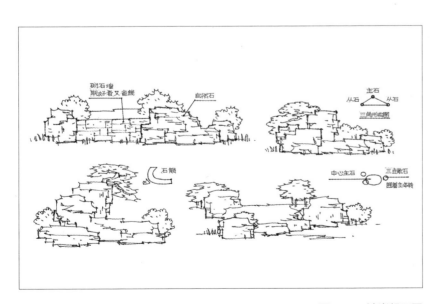

图 5-39　池岸组石图

◎ 池边叠石或池岸叠石忌讳排排坐。

图 5-41　组石图（二）

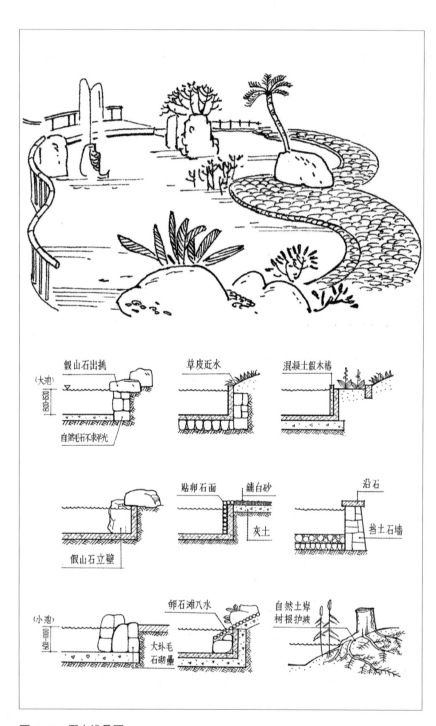

图 5-42　假山堆叠图

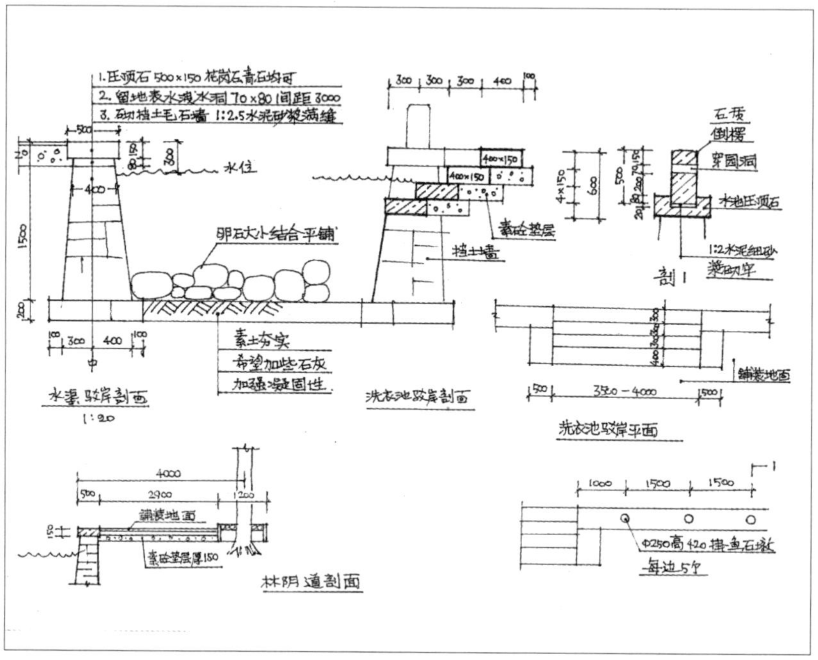

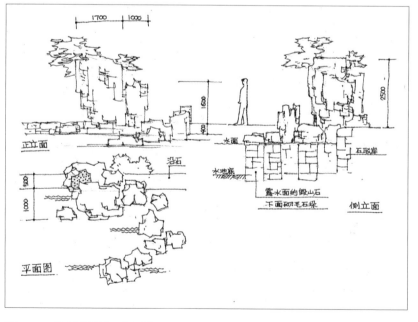

图 5-43　水渠、驳岸、林荫道剖面图

图 5-44　假山平面图、立面图

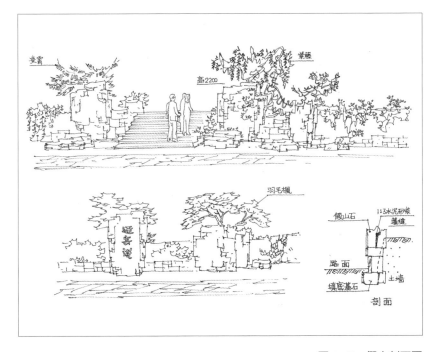

图 5-45 假山剖面图

图 5-47 潮州兰园鸟瞰图

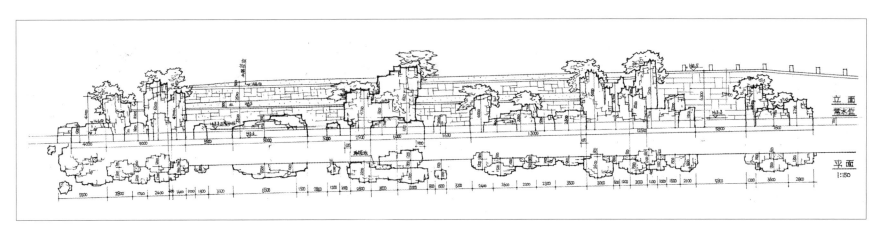

图 5-46 广西壮族自治区桂林美术馆池岸组假山石图

图 5-48 潮州兰园山水园（陆楚石先生设计）

图 5-50 泰山顶上的巨石

◎ 泰山的象征，真实的自然景观。

图 5-49 山东泰山西眺

◎ 假山是由真山而来，真山是假山的蓝本。

图 5-51 泰山石敢当

凡是假山，需对自然真山要有深刻的理解，掌握其规律（图5-49～图5-64）。一方面需历遍名山大川，勤于自然写生，才能"胸列五岳"，开阔胸襟；另一方面需从学习古画入手，勤思善画，腹藏古人山水画之经验，同时在技法、形象上下功夫，学习前人的叠山经验，方能广博识渊，创作新的假山意境，使我国的假山艺术继往开来，创造出更好的作品。

图 5-52　新疆维吾尔族自治区天山天池图

图 5-53　庐山五老峰景观图

图 5-54　庐山龙首岩景观图

图 5-55　广西壮族自治区桂林阳朔山水图

图 5-56　广西壮族自治区桂林伏波山漓江风景图

图 5-57 广西壮族自治区桂林叠彩山环境图

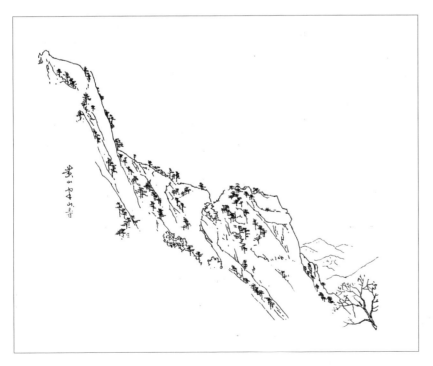

图 5-58 安徽半山寺画黄山图

图 5-59 安徽黄山天都峰景观图

图 5-60　广西壮族自治区桂林塔山图

图 5-62　广西壮族自治区柳州金秀大瑶山（莲花山）

图 5-61　广西壮族自治区桂林龙船坪斗鸡山图

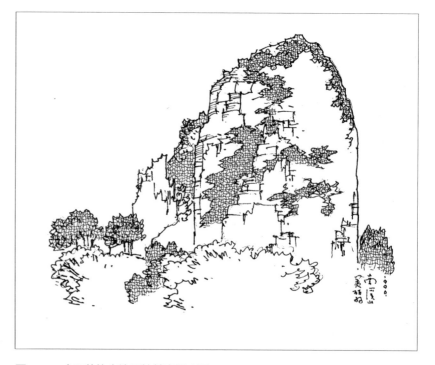

图 5-63　广西壮族自治区桂林南溪山图

第四节
假山在建筑空间中的处理

图 5-64 广西壮族自治区桂林漓江冠岩图

建筑空间中把山石组织到室内空间，成为游览和眺望的组成部分，得到室内外空间统一的环境，使室内、风景、人三者密切地联系着，是风景建筑空间设计的特殊风格。如广西壮族自治区桂林芦笛岩休息室（图 5-65），底层处理了假山石柱，利用自然山石的一角，成为室内的壁面，一泓清泉从岩壁中涌出，活跃了一池清水，环顾峰峦耸起，置身画图之中。风景建筑楼阁，结合假山上楼，如苏州留园涵碧山房及冠云楼（图 5-27）、扬州个园等都有假山楼梯，在庭园中既满足功能上的要求，又结合环境进行处理。山石小品和风景建筑楼梯的结合，大大地丰富了楼梯的装饰效果（图 5-67）。

图 5-65 广西壮族自治区桂林芦笛岩休息厅一楼假山立柱图

假山在处理庭园空间中是非常活跃的因素，形象是非常丰富的。它是以素净的白墙为纸，在很乖巧的天井中构成一幅点石小品画（图 5-68）。它们有斑斑玉点的山石，有玲珑剔透的太湖石配以修竹数竿、古梅斜枝、天竺一丛就能成"画"。厅堂前的院落常用层层巍峨的山石花台，作为近观对象，配置芍药、牡丹、天竺、萱草、玉簪等植物，有些庭院以观赏石组或石峰为主景（图 5-69～图 5-73），如北京北海公园古柯亭庭院假山（图 5-3），

留园的冠山峰（图 5-66），主景和主题鲜明，瘦、皱、漏、透的太湖石，犹如抽象雕刻，玲珑峭拔婀娜多姿，立峰宜足尖着立，似舞芭蕾，才显轻盈（图 5-74、图 5-75）。有些庭院依墙筑山峦，攀岩峻岭，设盘道而山巅，穿洞穴而山腹，矫树垂萝，寄情山川林木之神韵。故宫乾隆花园的抑斋庭院，面积不到 120 平方米，在东南角上堆假山的一座（图 1-26），于山水构亭，为秋日登高之意，这是一座很小的山景院。

图 5-66　苏州留园冠云峰图

◎ 苏州园林中的石峰，士大夫将石峰称为云彩来欣赏。

图 5-67　某建筑楼梯平台假山石石组图

图 5-68 北京颐和园门框石景图

图 5-69 济南趵突泉夔石图

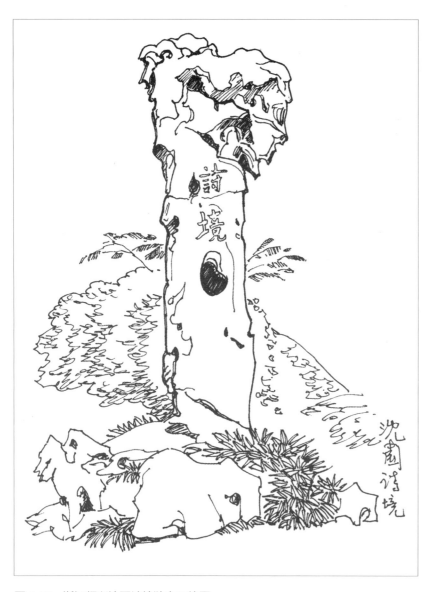

图 5-70 浙江绍兴沈园诗境独立石峰图

图 5-71 苏州狮子林石峰图

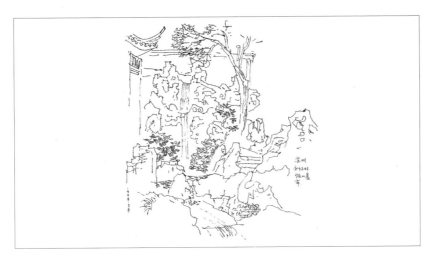

图 5-72 狮子林假山瀑布图

图 5-74 上海城隍庙内园石玲珑立石图

◎ 园林人对假山石的评价标准：瘦、皱、漏、透。

图 5-73 狮子林假山图

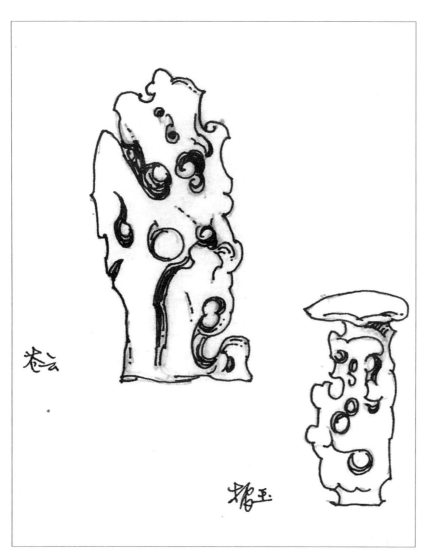

图 5-75 石玲珑

图 5-76 坡草地石峰图

上：坡草地上宜放卧牛石。

下：坡草地上不宜放湖石、立石峰，因为湖石的形成不在坡地或山上，而是在溪流或湖水中。

假山不宜山水立峰、"狮子"立林，否则效果都不成功。山石最好和植物配合成景，玲珑剔透的湖石虽然体态多姿，但无生气，和花木结合的湖石才有生命，体态更加完美生动。芭蕉、竹旁之石宜瘦，石笋数枝犹如雨后春笋。松树之石宜横，随悬枝而形成构图。峰峦峻岭的假山宜配藤木植物，如紫藤、爬山虎、蔷薇、凌霄等，使山峦生色，并能掩盖石理之不足，如图5-76～图5-87所示。

图 5-78　南京玄武湖花台组石图

图 5-77　南京玄武湖边组石图

◎ 南京玄武湖边石组配置了植物，石组就有了生命，同时也可以遮丑。

图 5-79　竹林石景图

图 5-80　江苏扬州半亩园园洞门假山图

图 5-81　金峪园

◎ 在北京一处住宅的庭院内所见，印象颇深因而记录下来。山峪用假山石砌成石壁，约高 2.5～3 米，顶部盖土，种黄栌或大叶榆，树叶交叉覆盖，秋天叶红，人在峪中行走，绿荫蔽日，分外惬意。

图 5-82 时装表演舞台假山图

图 5-83 走廊假山图

图 5-84 走廊及假山鸟瞰图

图 5-85　上海学圃园假山配植物图

图 5-87　石文化图

图 5-86　石峰图

第六章　园林理水

第一节　园林理水艺术

园林要塑造山明水秀的景色，就要倚靠宁静的水面。造园若无水面，风景则没有生动之感，景物则显得枯燥，因而水能给人以清澈明净、风景秀丽和豁然开朗等感觉，如图6-1所示。

水被组织到园林之中后，不再是概念化的一片水，而是和园林的诸要素，如山、建筑、植物融合起来，成为写意的江、湖、河、海、山涧、溪流、濠涧、深渊……成为和周围的环境密不可分的景致具有一定思想内容的意境（图6-2）。因而园林中的水，不能仅注意水量的多少、水面的大小，或从水的方圆、长窄等几何形状来设计。园林中的水都是以它的艺术形象、典型特征，用不同的手法所得到的空间环境，给人以强烈的艺术感染力，所以

园林之水是鲜活永恒的题材。以皇帝之尊来描写的三海（中南海、北海、什刹海），以其浩瀚的水面简称为海[①]；圆明园中的福海，取意"福如东海"，以一片大的水面所描写的昆明湖[②]；尚有描写江南河街风味的苏州河；妙在"瘦"字的瘦西湖；水乡弥漫的苏州艺圃；甚至一勺之水的小盘谷和水声潺潺的濠濮涧……它们都借不同的水形、不同的性格，以人工来描写的园林艺术之水，其意境是非常丰富的。

中国园林中的"叠山"和"理水"，是说叠山要成脉，水要成系，山水要环抱。水要有源有流，源头和源尾要隐藏，使人感到水之深远，如南京瞻园南北水成系，比较典型。

图6-1　苏州怡园水池石塔图

图6-2　北京颐和园谐趣园内松风仙岛溪流叠石图

① 此处所提北京的"海"是蒙古语"海子"的简称，意即"花园"，是元代沿袭下来的名称。文字里所写的三海"中南海、北海、什刹海"是从造园艺术的角度来提的。
② 颐和园昆明湖，乾隆皇帝取长安昆明池之意，由原西湖改为"昆明湖"。

第二节　园林理水手法

我国传统的园林，多半以水池为平面构图中心。四面布置假山、庭廊，一般都集中水面，争取开阔的空间，以得到丰富的景面效果。园林水景，不论湖泊、河流，还是溪涧流水，贵在含蓄，一眼望不尽水边，深不可测，才觉深远，逗人引发游兴。因而园林理水则以潆洄环抱、曲折婉转、穿岩踱谷，与游廊、房屋、院落互相穿插贯通，相互掩映、流水浚溢，才使景物深邃，余味无穷。

水的聚与合，在园林空间结构中要有宾主。有小才显大，有分才显整。往往以整体概念中的对比手法来获得它的艺术效果。山有脉，水有源，传统园林在处理用水时与传统山水画中的理论是一致的（图6-3～图6-11）。为了使水形的来龙去脉在原理上的完整，园林常以山涧流水，或飞瀑陡落等自然水源的形式，进行人工再创造，成为园林之源。

有源之水必有流，而流入之处必有口，水口宜藏蓄，竹芦掩饰，潺潺有声。若埋置以潭，声音更为清脆。流出之处宜隐蔽，或通渡于山岩，或穿入于水阁，使水流有不尽之意的效果。

图6-3　绘画中的水景和造园景观图

图6-4　江西庐山黄龙潭瀑布图

图 6-5 广西壮族自治区龙胜山水图

图 6-7 观瀑亭景观图

图 6-6 观瀑图（瀑布是各种水景之冠）

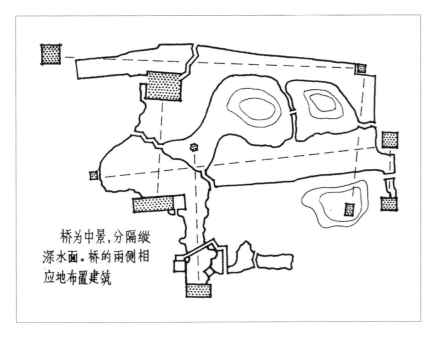

图6-8 苏州拙政园园林水系平面图

桥为中景,分隔纵深水面。桥的两侧相应地布置建筑

◎ 叠山理水是造园中的两个重要组成部分,山与水的关系是:山得水而活、水得山而媚的阴阳互补关系。有山,园林苍翠;有水,景色妩媚,倒影生动,景物有光泽。

图6-9 水边组石图

◎ 水边离不开组石、水矶、驳岸,这些都是常用的造园手法。

图6-10 水矶图

图6-11 水景图

第三节　园林理水类型及技巧

一、湖泊型

在园林理水时要注意，水面要有"河流型"，隔一段要形成"湖泊型"，必须做到有收有放，水面有大有小。切忌一片湖面一览无余、无景可寻。

在自然界中，由于地形、地貌的起伏变化，形成了不同的地理形态，如江、湖、河、海、山涧溪流等自然特征。自然之水，有面积很大的，如自然风景区的太湖（图6-12）、洞庭湖；有面积略小一些的杭州西湖、颐和园昆明湖，武汉东湖、南京玄武湖等。前者以自然风景取胜，水面辽阔，范围广大，人工经营时则着重于利用水域的自然地形、开辟风景点、设施游览的必要条件等；后者往往成为城市中的一部分，人工经营和管理较容易，适当地进行地形地貌的改造也容易实现，如西湖的苏堤、白堤，颐和园的西堤，都是人工经营的堤岸。从历史上都出于农业和水利需要，疏浚湖泥堆积成堤。作为现代公园的根本目的在于交通上的需要和风景点之间的联系，在风景结构上分隔水面，增加层次，使景物深远。长堤上栽柳种杨，点亭设桥，桥亭结合，以解决蔽荫、休息和水上空间的沟通之用，在园景上考虑其功能和造型的统一性，如西湖的苏堤遍植桃柳，筑拱形石桥，历来享有"苏堤春晓"和"六桥烟柳"的盛名。颐和园仿西湖的苏堤筑成西堤，堤上布置着形式不同的六座桥梁，有汉白玉的玉带桥和华丽的亭桥，对江南过船的石拱桥和水乡河街的桥亭形象进行了艺术再创作，得到具有装饰长堤的美的园林建筑。

湖面的岛屿是水面风景结构中的重要组成部分，不但大大地丰富了湖面风景，而且把水面分隔得若断若续，曲折回环，总觉得湖光潋滟仍然好，景外有景分外新。湖中之岛有绿草如荫的洲渚，有苍翠密林的树岛，有亭、台、轩、榭的"蓬岛瑶台"。如

图6-12　江苏无锡鼋头渚太湖边景观图

西湖中的三潭印月、湖心亭、阮公墩，三岛各具风格；昆明湖中的龙王庙，联系十七孔桥，成为湖中的主要风景；济南大明湖中的三个小岛，历下亭成为引诱游人探幽的向往之处；靠山的湖边，矶石累累、大小相兼、群石成聚，也是增加湖泊性格的重要因素，使游人近水观水，趣乐于湖石之间。

二、河流型

位于河网地区的园林，虽然水面没有湖面那么辽阔宽旷，但水上风景的组织，也是饶有一番风味。乾隆时期的扬州、瘦西湖一带所谓"两堤花柳全依水，一路楼台直到山"，具有二十四景之称，盛名于世。瘦西湖系属河流型的园林，园林景物依水相存，断断续续，景景相连，垂下丝柳轻扁舟，繁花覆地听莺歌（图2-164）。河边两岸香尘起，亭壹曲廊胜苏州。颐和园的苏州河，借苏州河街的意境，河边楼阁相辉，抚廊码头，拱桥柳岸，新颖别致，这些都是沿河设景的创作先例（图2-22）。处理河流水

面要有收有放，有曲有折，有宽有窄，有开有合，有豁然开朗，湖面水光粼粼，有绿荫覆盖。画舫黯然渡绿。有溪流潺潺，有长岛点亭，有拱桥横卧，有峦岭环翠，有"卷石洞天"，有"花间隐榭"，有"水际安亭"。人在河边走，轻舟水上行，宛如画上的"长江万里图"卷，使狭窄的河床上，感受到山清水秀的天然景色。

苏州古典园林中，对处理窄长的河流型水面有良好的范例（图2-70），如拙政园处理中部水面时，在水的纵深处设观赏点，相应地于对面点亭设景，组织风景面，如窄长形水面，则在中部架桥分隔水面，成为中景，丰富景物层次，又方便交通，游者在桥上能观赏水面纵深处的景物，增加游览中的风景。

三、池塘型

传统的古典园林中，常见的池塘有整形式与自然式两种。整形式的水池，一般都是在四面建筑的空间内，如静心斋的前院矩形水池、北海画舫斋水院、香山见心斋水院（图6-13~图6-15）和苏州玉泉观鱼（图6-16、图6-17）都是在各种不同形式的建筑空间内的水池。这种水池的特点，是院内气氛水明清澈，水藻鲜嫩，池内游鱼可数，吾乐同鱼乐。

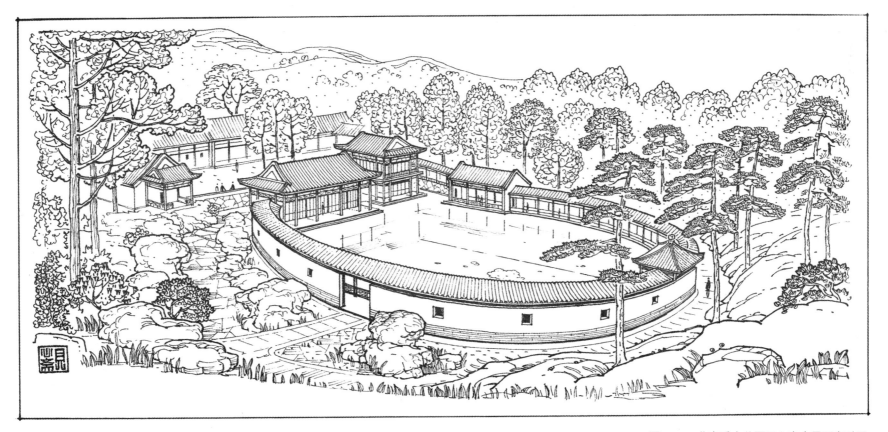

图6-13 北京香山公园见心斋水景园鸟瞰图

图 6-14 北京香山公园见心斋水景园景观图

图 6-15　北京香山公园见心斋园景图

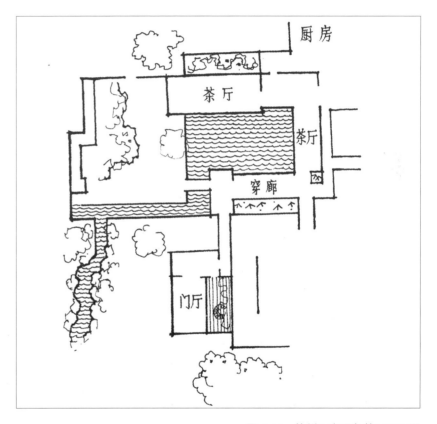

图 6-16　杭州玉泉观鱼茶厅平面图

图 6-17　杭州玉泉观鱼室内外景观图

严格地说，苏州的私家园林和北京的王府宅园大都属于自然式的池塘型，对于咫尺山林的用水，一般聚多于分，主体空间争取水面，都是各园在规划布局中细致推敲的。集中用水又要使水面感觉深邃，不能一眼望穿，使水上景物含蓄，不致全部袒露，苏州各园采取半掩水口，隐蔽出水口，常见平桥隔水，或隔廊穿水，或水贯庭园，或水墙横跨（图6-18），或建筑临架水上等手法。有的水面设蓬莱小岛，连接堤岸或曲桥，分隔成不同的景区。隐蔽水流，是使水有不尽之意。分隔水面，使水面增加层次，造成辽阔深远的感觉。

水生植物和池中倒影为构成园林风景的重要因素之一。水面睡莲、荷花等植物，只限在一定区域内繁殖，不能遍遮水面，建筑物附近要多留水面，使水中见行云，波上见倒影。

苏州古典园林中，水面纵深或水湾处，有点缀石栋、石塔等的处理，新园林的创作中虽不提倡再用雷同的形象来充斥水面景致，但对于丰富水面、点缀死角、使建筑结构图完整等都有一定的借鉴意义。

咫尺山林中的桥大都为平桥、曲桥横卧水上。位置通常宜于水面较窄之处。所谓短处通桥，经济实用。桥梁宜低，简洁轻快。桥的造型需考虑园林风格的一致性和环境协调性，如设想颐和园的十七孔桥，换成三潭印月的曲折平桥，就会感到单薄，与颐和园富丽庄重的风格不相调和。

池边建筑体量大小，应与池面相称，拙政园西部卅六鸳鸯馆所出现的建筑体量与水面不协调的例子，引以为戒。临水建筑的手法，有在建筑前设月台的，有建筑临水的，有卧波水上的，有横跨水上的（如图2-73所示的拙政园的小飞虹和西部的波形廊）等，造型各异，应用得宜。

图6-18　上海豫园水墙图

四、深潭泉水型

深潭以众水汇合而成潭，如济南的五龙潭，由五处泉水汇合，池中有深潭泉口，深不可测；又如环秀山庄的"半潭秋水一房山"，池中有飞雪泉，八音洞落水处有深潭等例。泉水、深潭和山林环境组织在一起，创造了有声有色的园林意境。

闻名全国的济南泉水（图6-19、图6-20），有趵突泉、珍珠泉、黑虎泉、琵琶泉、五莲泉、九女泉等，历史上曾有"七十二名泉"之称。由于泉水的水压有大小，喷力不一，因此泉水形成涌泉产生不同的形象。有的泉水沸腾，汹涌而出；有的丝丝金流，

图6-19 山东济南黑虎泉九女泉泉池图（陆楚石先生设计）

游动水底[①]；有的珍珠滚滚，夺地而出；有的虎口喷吐，威如虎啸；有的水若帘幕，跌落而下；有的水若明镜，溢池成帛；有的温文而上，如晴空细雨；有的溪水潺潺，崎岖山石之间……各种形体变化的泉水，成为泉城的闪耀明珠，遍布在城内各地，历来享有"家家泉水，户户垂杨"之盛誉。

又如杭州的龙井泉、黄龙泉、虎跑泉及无锡的惠山泉，尤以虎跑泉、惠山泉水质甘冽醇厚、矿物质含量少，是石火山岩裂缝溢流而出的裂缝泉。其形象也各不相同，如龙井泉由白玉栏圈下流出，成为夏日溪流峥琮，泉旁"神运石"形似游龙，令游人向往（图6-21）。黄龙洞泉水通过龙头口，喷下入池，泉旁山石峥嵘，立峰步石，小景可取（图6-22、图6-23）。虎跑泉和惠山泉[②]，有天下名泉之称，泉水从岩间流出，终年不绝，有一泓方池存泉水，设龙头喷吐，周围亭台回廊，刻碑题字，虎跑泉有民间传说：约于唐代后，有两虎在此跑地而涌出泉水，因此得名。后在岩崖水旁雕塑一虎，古意名存，增添游兴。

图6-21　杭州龙井泉泉池图（汉白玉栏杆井圈）

图6-20　山东济南廖家花园泉池图（陆楚石先生设计）

① 由于泉水水压不一致，水中产生了一条水线，通过日光折射，泉底出现金线，称为金线泉。
② 镇江的金山泉称为第一泉，无锡的惠山泉称为第二泉，杭州的虎跑泉称为第三泉。

图 6-22 杭州黄龙洞景观图

图 6-23 杭州黄龙洞立石跳石图

五、山涧溪流型

在自然山林中，两山之间或悬崖瀑布之下，有山涧溪水（图6-24～图6-28），如泰安黑龙潭山涧，水流漫于顽石之间（图6-29），两侧山崖，花木争奇，几处松篁斗翠，水势激湍，倾注而下。杭州的九溪十八涧，是无数的山涧流水汇合而成，沿途峰回路转，崖逼岩立，枫杨成林，茶树新绿，农户人家，炊烟轻雾，有时溪水汹涌，有时平流潺缓，游人涉水怡情，沸涛激石听泉。清人俞樾曾写"重重叠叠山，曲曲环环路，叮叮咚咚泉，高高下下树"，来描绘九溪十八涧的景色（图6-30）。

寄畅园的八音涧，是人工描写自然的山涧，两侧土山石壁，顺着山谷的行踪，一条山涧溪流顺流而下，时出时没，左右回环，水源引泉水，从山上流下，途中层次高差，在每一跌落处，埋置石子，滴水其中，发出各种清脆悦耳的声音，这就是有名的"八间涧"。北京颐和园谐趣园瞩新楼的山北，借八音涧的意境，凿山成谷，做成曲涧回流，绝壁深涧的效果。利用苏州河的水，越过山涧，入谐趣园。山上绿荫蔽日，飞桥渡谷，藤萝蔓绕，曲廊穿行，林绿草青，水口潺潺有声（图6-31）。造园中除了石山成溪涧外，尚有土山成涧的，如拙政园中部的两山之间就是例子（图2-66），水流和水口六处重点配置大石组，再经芦草掩映就得溪涧意境了（图6-32）。

园林山涧虽短而自然、虽小而意浓、虽浅而意深，这就是园林艺术巧夺天工的技艺。山涧溪流，泉水充沛，通泉竹里，是园林中很有意境的景色，为人们所喜闻乐见。

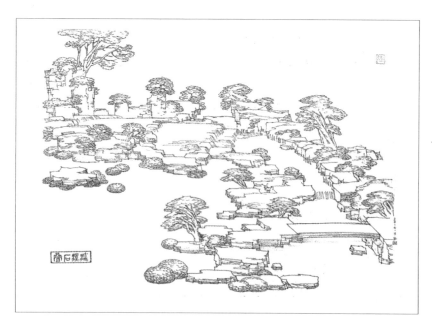

图6-24 溪流叠石图（一）

图6-25 溪流叠石图（二）

图 6-26 溪水组石图

图 6-27 溪流美石图

图 6-28 台湾民俗村迷宫龙宫外景

图 6-31 颐和园谐趣园水池水口图

图 6-32 溪水图

图 6-29　山东泰山黑龙潭溪水图

图 6-30　杭州九溪十八涧溪水图

第四节 池岸处理

自然式池岸是经营中国传统的自然式造园风格中很适宜的手法。近年来我国南方有些城市处理池岸，采用了"在规则中求自然、在自然中求规则"的设计原则，创作了一些新的形式，但这种创作思想与追求自然是不同的两种意图。

自然式池岸，一般用假山石砌为多。由于毛石比假山石经济实惠，因此在水位以下，可以用毛石代替。池岸线要求进出自然，石组的组织要求有聚有散，有整体拼面，有局部点石，有高有低，有断有续，有露有没，有立壁入水，有悬臂探崖，有石组结合花台，或配置花木等手法。

南方有些素土池岸，靠树根、草茎固陋，可于水流冲击处或局部加以组石处理，如矶石、水滩、崖壁等使河岸自然生动。池岸若用大块毛石拼砌，利用大块面的自然质感，也能得到良好的效果。此外，近代园林的钢筋混凝土水池，用细石贴面，或预制混凝土树桩贴面等方法，在处理手法上，结合石滩下水，由浅入深，或草地缓坡接水，或结合花池顽石等，都可以获得良好的效果。如图 6-33 所示。池岸不宜呆板平直，不宜用湖石排砌、更忌用石块排立在池的周围。古代园林的池岸中，有些砌石成列，不应学用。有些虎皮石河岸采用裂纹构缝，远看如龟背，费工费料，效果不好，不如构成平缝或凸凹缝。池岸不宜太高，凭栏观井，失去水的辽阔之意。池水要满，接近水岸，才显得水之坦荡。若水位不能提高，而池岸过高时，则以叠山处理，立壁悬崖，回旋近水，矶石靠岸，分层错落，石间留穴，种植藤萝，就能使水岸自然变化，水面满溢。

图 6-33 广州白天鹅宾馆大堂水景图
◎ 广州白天鹅宾馆是五星级宾馆，大堂的园林景观倍受赞赏。

第七章 园路

第一节　园路的构成及特征

　　园林的道路有两种构成性质：一种是游览路线，组织游览顺序，导游各个景区；另一种是为了解决实用功能上的需要，而开辟的交通路线，如园林工程上的需要，后勤补给的需要等，出于交通的要求，道路需要平直、径通。这两种不同性质的园路，应该分别实施。游览、导游线是园林的主要路线，交通路线宜隐蔽，或靠边，切忌园林中车行道路四通八达，以代替游览路线，成为"车内观光"的"汽车公园"。

　　从园林艺术角度分析，若把造园比作造一幅画，那么园路将是进入画面空间，窥赏景物变化，形成画中之游的主要手段。园路是穿行于景象之间的媒介，当园林空间的组织设计完成后，园路就贯穿着各个风景环节，园路就是园林的脉络。在整个游览过程中，空间组织有高潮，有低潮，有引导而过，有途入迷宫。山穷水尽疑无路，柳暗花明又一村。路起着组织和导游的作用，引导游人按设计者预期的景观、角度去欣赏风景。

　　园路在风景结构中是由一个景区进入另一个景区的交通节点，园林中称之为过渡空间。在处理这一空间时，必须兼顾观赏风景，以获得高低远近方位不同的画面感。同时通过曲径、曲廊、曲桥，沿途设景，使空间曲直变化，使游者左顾右盼，景景相连，步移景换。

　　园路的规划设计是与园林的景区、景致的创作同时考虑的。凡一处布景，就要相应地设路通达，使游人可以绕遍园子的主要景区，不走回头路，这就是道路的回环性。规划路线必须随风景的曲折变化，随形依势地和周围环境取得联系，迂回地深入景区之中。在复杂的环境中相应变化，可以延长游程以及游览逗留的时间（图7-1～图7-3）。

图7-1　江西庐山黄龙潭登山道旁边的石刻铭文图（景观文化）

图7-2　江西庐山美庐别墅路边的石刻铭文图

第二节
园路在不同环境中的转化

园路形式的变化因园林的标本要素，诸如山、水、建筑、植物的变化而各异。遇山时，园路转化成石级、盘道、岩洞等；遇水时，园路转化成桥梁、堤岸、步石和水上游船等；遇建筑时，园路转化成通道、亭台楼阁等，其中游廊是最活跃的因素。园路遇山成山廊，遇桥成桥廊，遇水成水廊，遇植物成棚架花廊等。园路穿花木，过树林，随地势而起伏，随景致而变化，遇曲遇直，变化无穷（图7-4～图7-6）。

园路的形式是随着环境的变化而变化，因此，沟通园林的不是一条润滑的曲线。中国传统的园林中，贯穿园林的园路，很难找到一条润滑的曲线，如果景景相扣，园路的变化则更丰富。而园林也应该较少采用笔直的林荫大道，尽量改用其他的形式代替。

图7-3 杭州云栖竹径图

◎ 云栖竹径是一条穿越在竹林中的游览线路，线路上有山涧、溪流、亭、石塔、小品等，有高耸的大樟树、枫香树，在翠绿的竹林里变换着不同的景色。

图7-4 杭州西泠印社登山道周围竹林周围是一条有特色的园路

第三节 园路的处理

图 7-5 杭州西泠印社登山道剖面图

对于解决实用功能上的园林交通路线，现代园林可以采用柏油路，而游览路线的路面处理不应该千篇一律，而是要做成艺术性的园路。用材、图案与环境相协调，如在山林环境中宜采用片石蹬道、冰纹石地面或细石镶嵌。若山林环境中的空地、庭院，也宜用片石拼成，而且不一定拼成等宽的曲线，路的边缘可随山林谷地的宽窄而变化，有的延接山根，有的隐没土中，自然变化，目的是和环境相融合。主要建筑物前的月台、庭园，则可以铺成装饰性很强的地面图案，可以利用混凝土预制块和石块镶嵌。利用当地材料，手法各异，花间曲径可用常见的正方形混凝土预制块斜角拼砌，隙间细石镶嵌等方法，做法不拘一格，图案不宜复杂，要简洁、大方，尤其不能做成写实的花、猫、狗或"花布"式图案。要从整体效果出发，在游览线路林荫下，可以大片铺地，留出树坑，预制块图案可以更加简单。建筑物地面随建筑设计而定，路旁隙地应该用地被植物覆盖，最好不露土层，园林就显得精致。

在某一特定空间环境中的铺地，其图案应该是统一的，如拙政园中的枇杷园，地面铺成旋式冰纹嘉实图案，配置枇杷树，与南边取名嘉实亭和玲珑馆的窗槅图案相呼应，丰富了造园趣味，使设计意图更加完整深刻（图 2-202）。

地面铺地的变化，能加强空间划分的效果，由一个空间进入另一个空间时，从图案、色彩、用材等方面加强对比，用铺地助长气氛的变化。铺地也能加强空间的导引作用，在流动的建筑空间，铺地的连续性就能起到导引作用。斜方向的路，图案铺成斜纹；整形的院路，图案宜正纹；圆形空间的路，随曲线变化等。

园路图案形状大致有四方、长方、六角、菱形、席纹、网纹、花纹、冰纹、满铺加花等。根据材料大小，分格用线，形体的片状、立式、方整等特征，以及材料光毛质感、色泽变化、吸水性能等

图 7-6 杭州西泠印社登山道横剖面图

效果，加以组合拼砌。随着时代审美的变化，对于整体环境概念中的地面，不要求有特定的规律性图案，可以采用抽象的几何纹。根据所用材料和质感的不同，设计色块点面相兼，或点线穿插，疏密结合等。不过，图案宜力求简洁大方，不宜复杂。在设计过程中充分地利用地方材料，发挥材料特征，加强设计意图和装饰效果，结合铺地图案的艺术形象来衬托优美的园林环境（图7-7）。

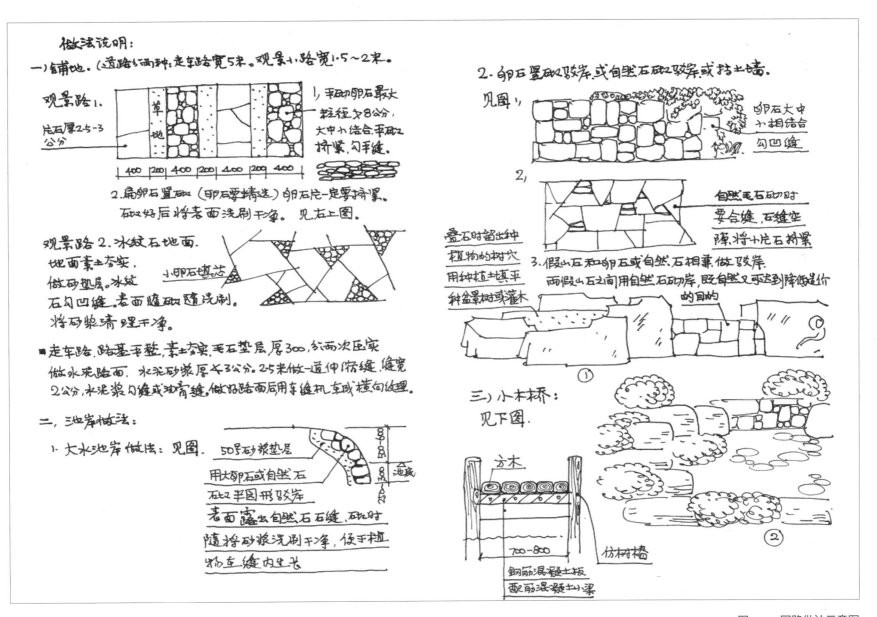

图7-7 园路做法示意图

第八章　园林小品

园林中有很多小品似乎不太起眼，也不是一个大的建筑，大多只是构筑物而已，但由于其位置和用途等比较重要，成为园林中一个点缀性的景观，值得造园者去精心设计，如入口处票房或一处园林景点的标志、一口井的栏杆台阶石、拐角处的一个石塔、小水池、小石桥、垃圾桶、小花台等都无不需要精心设计，笔者画了一些小品，还有待造园者去品评。

苏州园林小石塔点缀的构图位置有一个规律，如留园、怡园、拙政园西部高低起伏廊的端部，笔者发现有一个设计中的普遍规律，值得参考：假若在一个拐角的凹处 点缀一个小品或大的物品，甚至是建筑亭树等，构图上都能获得成功，这是一个构图的普遍规律。

苏州园林中有很多在水面的深处或墙角点缀一个石塔的做法，不但在构图上获得了成功，而且在艺术性上将"死角"点活了，当然也可以是其他小品，如假山、石峰、植物、花台等，从周易的观点来解释是因为拐角处 属阴，缺阳， 点缀的物品属阳，以此得到阴阳互补，所以在视角上展示为完整的成功案例。具体案例分析如图 8-1 ~ 图 8-33 所示。

图 8-1　苏州虎丘天然石台上加置经幢，效果极佳

图 8-2　山东历城县九顶塔内灵塔图

图 8-3 山东历城县四门塔灵塔图

图 8-4 经幢图

图 8-5 江西庐山东林寺晋经幢图

图 8-6 广西壮族自治区桂林木龙洞石塔

◎ 小喇嘛塔在漓江边点缀得很得体。

图 8-7　杭州葛苓保淑塔是西湖中的一座小品

图 8-9　小桥流水配合石塔、树木、点石形成景观

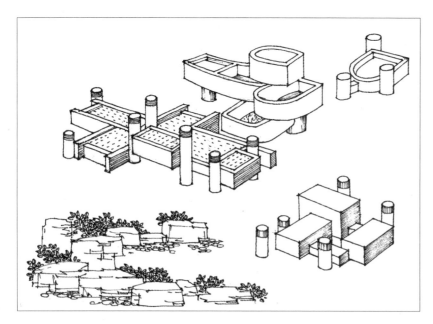

图 8-8　各种花池

图 8-10　丰裕泉景观

◎ 假若有一泓泉水配合石栏杆就能使水池加强视觉注意力。

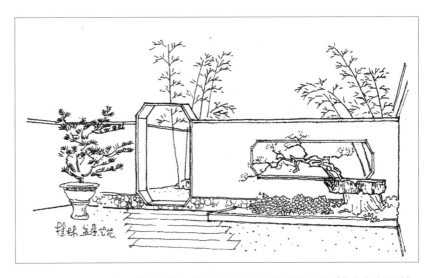

图 8-12 广西壮族自治区桂林市七星公园盆景苑景观（尚廓先生设计）

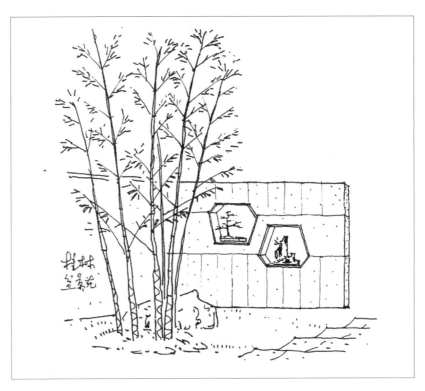

图 8-11 亭子要配合树姿才成景，河滩要配合草坡小桥和树木才能成景

图 8-13 广西壮族自治区桂林市七星公园盆景苑内小品（尚廓先生设计）

图 8-14　棕竹立石图，广西壮族自治区桂林市七星公园内盆景苑小品

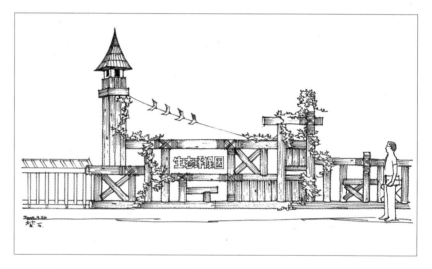

图 8-15　垣墙图（陆楚石先生设计）

图 8-16　上海龙华盆景园内假山叠悬崖景观

图 8-17 上海龙华盆景园内石笋配合青松形成小品景观

图 8-19 上海龙华盆景园室外楼梯配合水池石塔形成景观

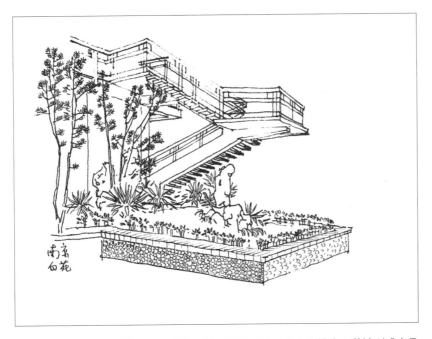

图 8-18 南京白苑餐厅室外楼梯平台下筑立石花池形成小品

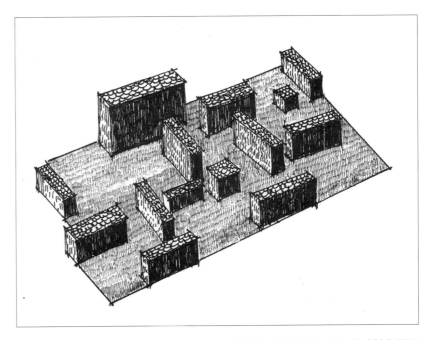

图 8-20 用植物绿篱修剪成形，可以构成抽象景观

图 8-21　公园路边竹座凳构成小品

图 8-22　屋顶花园

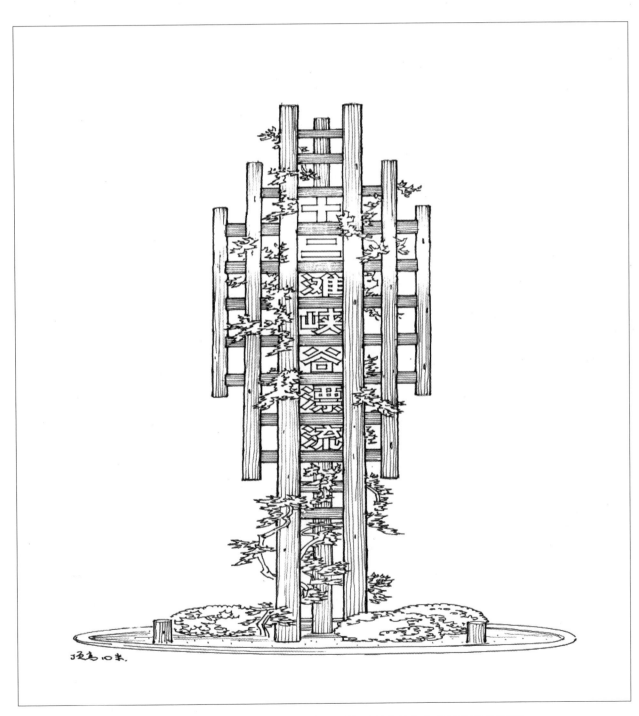

图 8-23　广西壮族自治区桂林十二滩峡谷漂流标志性小品（一）（陆楚石先生设计）

图8-24　广西壮族自治区桂林十二滩峡谷漂流标志性小品（二）（陆楚石先生设计）

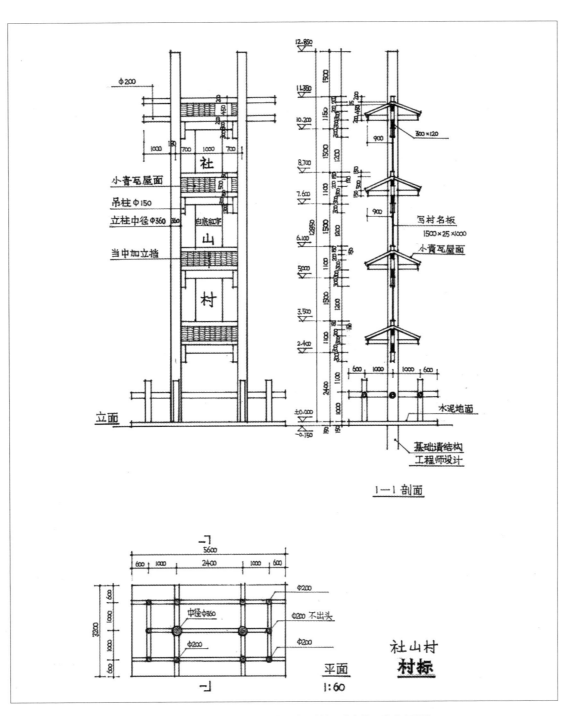

图 8-25 广西壮族自治区恭城县社山村标（陆楚石先生设计）

图 8-26 立木拼砌外爬常春藤（陆楚石先生设计）

◎ "百家乐" 是一个品牌，小品有建筑物也有构筑物，本小品用立木拼砌成基本框架，外面攀爬上常春藤植物构成效果。

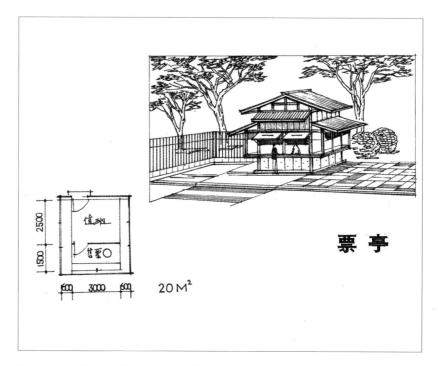

图 8-28 木售票亭（陆楚石先生设计）

◎ 小青瓦屋面简单明块。

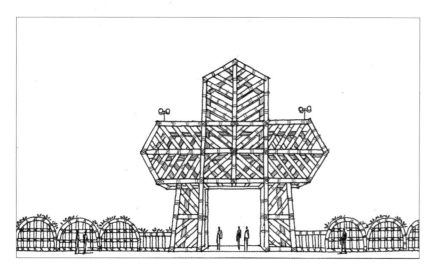

图 8-27 景区大门（陆楚石先生设计）

◎ 用竹子构筑用棕绳捆梆节点形成良好效果，两侧角上增加两个风向标以增加趣味性。

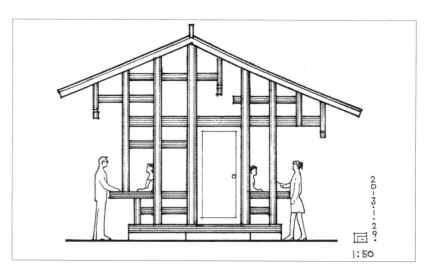

图 8-29 木售票亭（陆楚石先生设计）

◎ 有吊挑的特点。

图 8-30 芦花平桥图

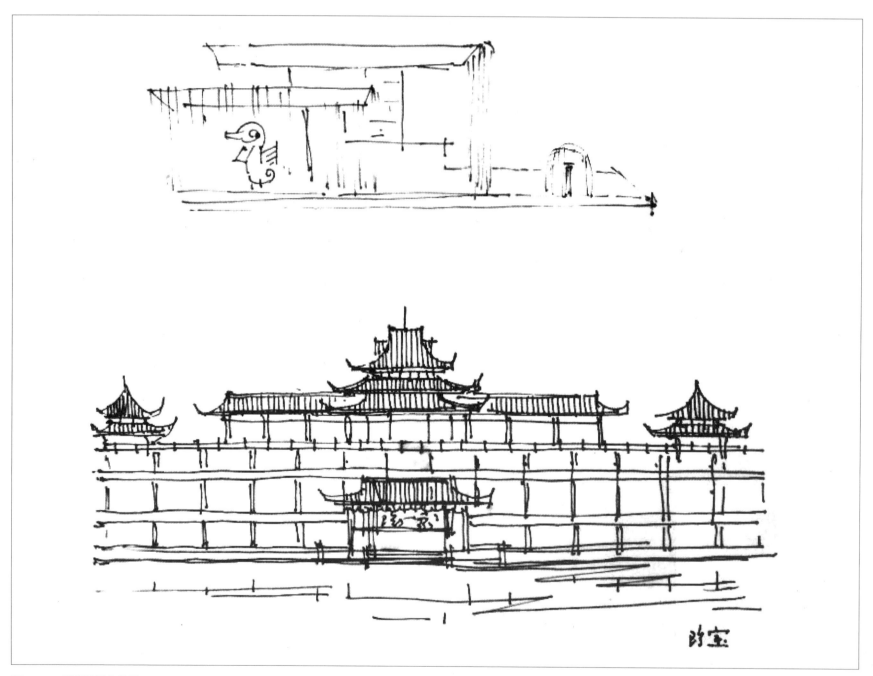

图 8-31　香港街景小品图

图 8-32　广西壮族自治区灌阳县大仁村白竹坪屯村标（陆楚石先生设计）

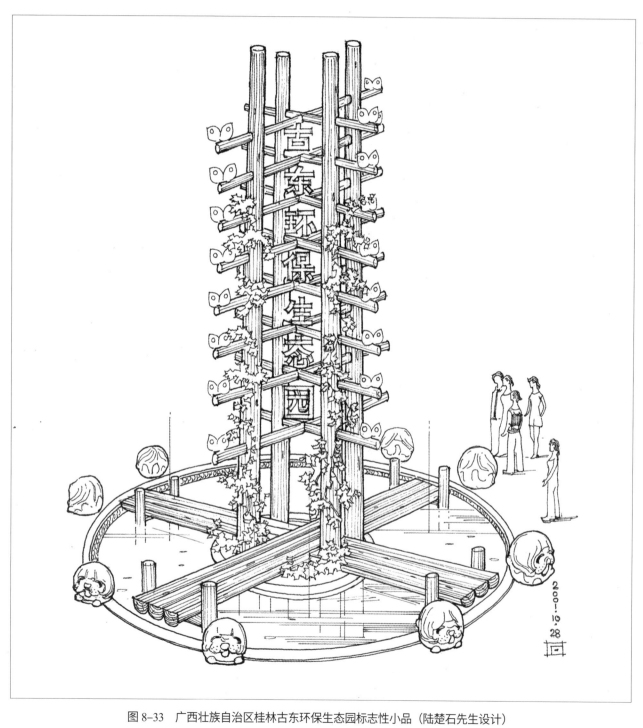

图 8-33　广西壮族自治区桂林古东环保生态园标志性小品（陆楚石先生设计）

参考文献

[1] [明] 计成 . 园冶 .

[2] 范肖岩 . 万有文库丛书：造园法 [M]. 北京：商务印书馆，1930.

[3] 童寯 . 江南园林志 [M]. 北京：中国建筑工业出版社，1984.

[4] 建筑工程部建筑科学研究院建筑理论历史室 . 北京古建筑 [M]. 北京：文物出版社，1959.

[5] 刘敦桢 . 苏州古典园林 [M]. 北京：中国建筑工业出版社，1995.

[6] 陈从周 . 杨州园林与住宅 [J]. 社会科学战线，1978（03）.

[7] 本社 . 西湖揽胜 [M]. 杭州：浙江人民出版社，1979.

[8] 济南市出版办公室 . 泉城纪游 [M]. 济南：齐鲁书社，1980.

[9] 华南工学院建工系 . 建筑小品实录 [M]. 北京：中国建筑工业出版社，1980.

[10] 天津大学 . 乾隆花园实测图录 [Z]. 出版信息不详 .

[11] 圆明园管理处 . 圆明园园史简介 [Z]. 出版信息不详 .

[12] 侯仁之 . 承德市城市发展的特点和它的改造 [Z]. 承德：承德市城市建设局 .1978.

[13] 余森文 . 园林植物配置艺术的探讨 [J]. 建筑学报，1984（01）.

[14] 中国建筑学会建筑历史学术委员会 . 建筑历史与理论第一辑（1980 年度）[M]. 南京：江苏人民出版社，1981.

[15] 南京工学院建筑系 . 江南园林图录 [Z]. 南京：南京工学院建筑系，1979.

[16] 何重义，曾昭奋 . 圆明园园林艺术 [M]. 北京：中国大百科全书出版社，2010.

后 记

本书能顺利出版，曾得到中国建筑历史研究所傅熹年、孙大章、张茂能三位同事帮助写序言。

郑杰、罗桂冰帮助整理图稿，冯押林、冯佑珍帮助编写图稿文字，谢伟强、梁晨、陈阵先生帮助介绍出版社，章曲女士帮助编辑校对书稿，闫雪帮助设计图文版式，以及中国建材工业出版社张立君、佟令玫二位领导给予出版支持。对以上同志的支持和帮助表示衷心感谢！

陆楚石

2018 年 1 月 21 日